KB181704

- 가성비 끝내주는 ~~~~ 있는 집밥 요리 레시피 -

시
바
테
이
블

SIBATABLE

민경진 지음

Jpub
제이펍

※ 드리는 말씀

- 모든 레시피는 1인분을 기준으로 수록했습니다.
- 독자의 이해를 돕기 위해 일상에서 통용되는 일부 단어는 맞춤법이나 표기법, 띄어쓰기에 다소 어긋나더라도 실생활에서 많이 쓰이고 검색하기 쉬운 말로 수록했습니다.
- 재료 준비 사진은 참고를 위한 예시로, 실제 필요한 재료와 다소 상이할 수 있습니다.
- 레시피에 표기된 용량은 저자의 개인적인 대중을 기준으로 수록했습니다. 조금씩 추가해 가면서 여러분에게 알맞은 용량으로 조절하는 것을 추천합니다.
- 모든 채소와 과일 등은 별도의 설명이 없어도 미리 깨끗하게 씻어서 준비합니다.
- 1큰술은 일반적인 밥숟가락을, 1작은술은 티스푼을 기준으로 합니다.
- 물 1컵의 기준은 250ml입니다.
- 정확한 용량이나 단위 표기가 애매한 경우는 일반적인 성인 여성의 손을 기준으로 '줌'으로 표기했습니다. 또한 장식용 등으로 사용하는 적은 양의 재료는 '조각'으로 표기했습니다.

시바테이블

SIBATABLE

시바테이블

ⓒ 2023. 민경진 All rights reserved.

1쇄 발행 2023년 7월 25일

지은이 민경진(시바테이블)
펴낸이 장성두
펴낸곳 주식회사 제이펍

출판신고 2009년 11월 10일 제406-2009-000087호
주소 경기도 파주시 회동길 159 3층 / **전화** 070-8201-9010 / **팩스** 02-6280-0405
홈페이지 www.jpub.kr / **투고** submit@jpub.kr / **독자문의** help@jpub.kr / **교재문의** textbook@jpub.kr

소통기획부 김정준, 송찬수, 박재인, 배인혜, 나준섭, 이상복, 김은미, 송영화, 권유라
소통지원부 민지환, 이승환, 김정미, 서세원 / **디자인부** 이민숙, 최병찬

기획 및 교정·교열 박재인 / **표지·내지 디자인** nu:n
용지 타라유통 / **인쇄** 한길프린테크 / **제본** 일진제책사

ISBN 979-11-92987-31-6(13590)
값 19,800원

※ 이 책은 저작권법에 따라 보호를 받는 저작물이므로 무단 전재와 무단 복제를 금지하며,
   이 책 내용의 전부 또는 일부를 이용하려면 반드시 저작권자와 제이펍의 서면 동의를 받아야 합니다.
※ 잘못된 책은 구입하신 서점에서 바꾸어 드립니다.

제이펍은 독자 여러분의 아이디어와 원고를 기다리고 있습니다. 책으로 펴내고자 하는 아이디어나 원고가 있는 분께서는 책의 간단한 개요와 차례, 구성과 저(역)자 약력 등을 메일(submit@jpub.kr)로 보내 주세요.

안녕하세요, 인스타그램 시바테이블의 주인장, 민경진입니다.

너무나 평범했던 일상의 2022년 2월 어느 새벽, 문득 무언가 새로운 걸 시도해 보고 싶은 마음이 들었어요. 마침 제 옆에서 자고 있던 우리 집 시바견을 보고 즉흥적으로 인스타그램에 @sibatable 계정을 개설했습니다. 그때는 몰랐습니다. 이렇게 제 인생의 시즌 2가 열릴 거라고 말이죠.

짬짬이 혼자서 생각만 해왔던 상상을 요리로 만들어 올렸는데, 예상외로 너무나 많은 분이 좋아해 주셨어요. 원래 내성적인 성격인 데다가, 좋아하는 것들을 상상만 하면서 킥킥대던 저였는데요. 요리 하나를 만들어 올려도 공감하고 즐거워해 주는 사람들을 보며 잔뜩 신나서, 점점 사심을 듬뿍 담아 늘 새로운 요리를 고민하게 되었답니다.

그동안 가족의 집밥만 차릴 줄 알았는데, 각성하고 나니 집밥에도 장르가 있다는 걸 깨달았습니다. 때로는 귀엽게, 때로는 코믹하게, 때로는 미스터리하게… 어릴 때는 4차원이라고 놀림만 받던 제 생각들을 이제 혼자가 아닌 여러 사람과 같이 즐기고 공감할 수 있는 지금 이 순간이 그 어느 때보다 행복합니다. 완벽하지도 않고, 조금은 엉뚱하기도 한 제 요리를 응원해 주시고 좋아해 주시는 분들에게 진심으로 감사하다는 말씀을 드리고 싶어요.

그때그때 생각나는 아이디어를 즉흥적으로 만들고 있다 보니, 댓글로 주시는 질문에 자세하게 답변을 해드리는 데 한계가 있어서 늘 아쉬웠어요. 레시피나 장식하는 방법에 대해 한 번쯤 정리를 해두면 필요한 분에게 도움이 될 수 있지 않을까 하는 작은 마음에서 이 책을 열심히 만들었습니다.

또한 이 책의 지면을 빌려 감사의 인사를 전하고 싶어요. 어릴 때 무수히 많은 만화책과 공포 영화를 자유롭게 볼 수 있도록 허락해 주신 아빠! 제가 하는 재미있는 상상의 8할은 다 아빠 덕분이에요. 감사합니다! 그리고 마지막으로, 다 큰 어른이면서도 세상 물정 모르고 순박한 저를 변함없이 아껴주고 세상 풍파 다 막아주는 우리 남편, 사랑합니다!

민경진 드림

목차

PART 01.
간편하게 뚝딱

 한끼밥

PART 02.
아기자기하게
하나씩

한입밥

PART 03.
건강하게 아삭아삭

한 끼 채소

PART 04.
색다르고 간단하게

한 끼 빵과 면

PART 05.
예쁘고 가볍게

한 끼 디저트

Q   본업이 궁금해요! 요리와 관련한 일을 하고 있나요? 아니면 취미인가요?

A   가족의 건강을 책임질 맛있는 밥을 만드는 주부입니다. 이 정도면 요리와 관련한 일이라고 할 수 있겠죠? 사실 평범한 직장을 다니고 있고, 퇴근 후나 주말에 푸드 아티스트로 활동하고 있어요.

Q   미적 감각이 좋은데, 미술을 전공하셨나요? 창의성의 근원이 궁금합니다.

A   요리를 전공했어요. 창의성은 아무래도 아빠에게 물려받은 것 같아요. 아빠가 조금 독특한 성격이세요. 그리고 어릴 때부터 만화책을 많이 봤던 게 도움이 된 것 같아요.

Q   다양한 아이디어는 어디서 얻나요?

A   영화와 만화책, 그리고 인터넷에서 다양한 이미지를 많이 찾아보고 있어요.

Q   요리를 완성하려면 보통 얼마나 걸리나요?

A   레시피가 간단하면 20분 정도, 복잡하면 2시간 정도 걸리기도 해요. 세밀한 작업은 손이 많이 가기 때문에 그만큼 시간도 오래 걸리는 편이에요.

Q   아이디어를 요리로 만들 때 한 번에 성공하나요? 아니면 실패할 때도 있나요?

A   대부분은 성공하고 가끔 실패합니다. 하지만 개의치 않고 새롭게 계속 도전하는 편이에요.

Q   인스타그램 피드가 정말 발랄하고 깜찍한데, 처음부터 의도한 콘셉트로 만든 건가요?

A   처음에는 인스타그램 계정을 단순한 집밥 기록용으로 만들었어요. 따로 의도하지는 않았지만, 피드를 올리다 보니 점점 제 취향이 나오게 됐네요.

Q   귀여운 요리를 시작하게 된 계기는 무엇인가요?

A   귀여운 동물을 좋아해서 어릴 때 꿈이 사육사였어요. 좋아하는 것을 떠올리며 만들다 보니 저도 모르게 귀여운 요리를 많이 만드는 것 같아요. 특히 강아지를 예뻐해서, 요리에도 강아지가 가장 많이 나와요.

Q   만들고 싶은 것을 미리 머릿속으로 그리고 시작하나요, 아니면 재료를 보고 무엇을 만들지 생각하나요?

A   떠오른 아이디어를 미리 머릿속으로 한 번 정리하고, 재료를 그 이미지에 맞춰 나가요!

Q   만든 요리가 예쁜데, 맛도 있나요?

A   음식에 간을 하기 때문에 대부분 맛있지만, 가끔 순수하게 저의 사심을 채우기 위해 만든 요리는 맛이 없을 때도 있어요. 모양이나 플레이팅에 중점을 둘 때는 맛을 포기해야 하는 경우도 종종 생긴답니다.

Q   가장 기억에 남거나 만족하는 작품이 있나요?

A   최근에 만족한 작품은 모아이 석상 우엉조림입니다. 장인 정신으로 한 땀 한 땀 열심히 만들기도 했고, 생각보다 더 사실적으로 표현되어 아주 흐뭇했어요.

Q___ 사진을 어떻게 그렇게 깔끔하게 찍나요?

A___ 집에서 자연광이 잘 드는 곳을 찾아서 쭉 거기서만 찍어요. 자연스럽고 예쁜 사진 찍을 때 가장 좋은 조건이 자연광이라고 생각해요.

Q___ 사진을 촬영하고 나면 사진에 있는 그대로 드시나요? 누구랑 드시는지 궁금해요.

A___ 주로 오전에 요리를 하는데요, 만들고 나서 사진을 찍은 뒤 대부분 제 점심이 됩니다. 혼자 아주 맛있게 먹어요.

Q___ '이건 꼭 있어야 한다!'라고 추천할 만한 도구나 재료가 있나요?

A___ 수공예 가위와 핀셋! 뒤에서 나올 [자주 쓰는 모양내기 도구]에서 설명하겠지만, 세밀한 작업을 할 때 아주 유용해요. 거의 모든 요리에 활용할 수 있기 때문에 하나쯤 구비하는 걸 추천합니다.

Q___ 앞으로의 계획은 무엇인가요?

A___ 일단 제가 있는 자리에서 아내이자 엄마, 딸 그리고 직장인으로서 맡은 바를 열심히 하고 싶어요. 그리고 새롭게 찾게 된 저의 취미인 요리를 행복하게 곁들여서 살아가는 것이 목표입니다.

모양내기 도구가 있으면 단순한 요리에도 멋을 더할 수 있어요. 평범한 음식 위에 캐릭터의 표정이나 알록달록하고 다양한 모양의 채소들만 올려도 플레이팅이 한층 색다르게 변합니다.

수공예 가위와 핀셋

제 요리에 없어서는 안 될 가장 중요한 도구입니다. 수공예 가위가 있으면 재료를 좀 더 섬세한 모양으로 손질할 수 있어요. 핀셋은 작은 재료를 원하는 곳에 깔끔하게 붙일 때 사용합니다. 핀셋을 사용하면 손가락이나 젓가락으로는 잘 잡히지 않거나 쉽게 망가지는 재료도 손쉽게 붙일 수 있습니다.

모양 커터와 펀치

쿠키 모양 커터

채소에 모양을 낼 때 사용합니다. 다양한 크기가 있지만, 아기자기한 느낌을 내고 싶다면 작은 크기를 추천합니다.

플런저 커터

원래 슈가 크래프트 도구로 알려졌지만, 얇게 썬 채소나 달걀지단에 모양을 낼 때도 매우 유용합니다. 저는 귀엽고 아기자기한 느낌을 좋아해서 꽃, 별, 하트 등 다양한 모양을 가지고 있어요. 슈가 크래프트 도구를 판매하는 사이트나 플런저 커터로 검색해서 나오는 쇼핑몰에서 구입하면 됩니다.

김 펀치

캐릭터의 눈, 코, 입을 만들 때 아주 유용한 펀치입니다. 김을 펀치로 찍기만 하면 여러 가지 표정을 아주 쉽게 만들 수 있어요. 김 펀치, 김 펀칭기 등으로 검색하면 다양한 제품을 구입할 수 있습니다.

앞으로 요긴하게 써먹을 수 있는 간단한 레시피를 알려 드릴게요. 깜짝 놀랄 만큼 쉽고 기본적인 방법이지만, 요리할 때 꽤 쏠쏠하게 활용할 수 있어요.

비트 물 만들기 🍜

비트 물을 사용하면 따로 색소를 쓰지 않아도 밥을 예쁜 분홍색으로 물들일 수 있어요. 알록달록하게 플레이팅할 때 아주 유용한 재료랍니다.

Ingredient. **비트**_ 1/4개 | **물**_ 1컵

Preparation. 비트를 깨끗하게 씻고 껍질을 벗겨 잘게 다진다.

How to make.

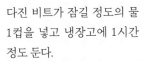

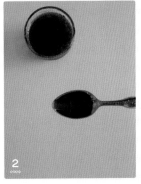

다진 비트가 잠길 정도의 물 1컵을 넣고 냉장고에 1시간 정도 둔다.

초간단 비트 물 완성!

단촛물 만들기 🍲

단촛물은 밥을 뭉쳐서 모양을 내는 요리에 간단하게 간하기 좋아요. 시판되는 유부초밥에 들어 있는 것을 사용해도 되지만, 직접 간단하게 만들어 보세요!

Ingredient. **식초_** 2큰술 | **설탕_** 1큰술 | **소금_** 1/5큰술
How to make.

모두 한데 섞는다.

식초에 가루가 잘 녹도록 저으면 완성!

채소 육수 만들기

마른 팬에 센 불로 볶아 주는 것만으로도 채소의 풍미가 올라와서 더욱 맛있는 초간단 채수입니다. 냉털도 하시고 한식 요리에 두루두루 써 보세요. 냉장고에서 3~4일 정도 보관할 수 있어요.

Ingredient. **양파**_ 1개 | **버섯**_ 1줌 | **애호박**_ 1/2개 | **대파**_ 1/2개 | **당근**_ 1/2개 | **마늘**_ 1줌 | **물**_ 2리터

tip 애호박을 기준으로 다른 재료의 양을 맞춘다. 셀러리처럼 특이한 향을 가진 채소만 아니라면 어떤 채소든 가능하다.

How to make.

버섯은 가닥가닥 떼어 놓고 다른 채소는 대충 채썰기한다.

센 불로 달군 팬에 채소를 숨이 약간 죽을 정도로 볶는다.

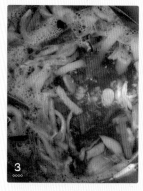

물 2리터를 볶은 채소에 부어 10분 정도 팔팔 끓인다.

체에 거르면 맑은 채수 완성!

양념장 만들기 🥢

샤부샤부나 전골, 국수에 넣어 얼큰한 맛을 느낄 수 있는 어른들의 마법 양념입니다. 앞으로 소개할 레시피에서 나오는 국수나 전골에 다양하게 활용해 보세요.

Ingredient. **고춧가루_** 2큰술 ｜ **고추장_** 1큰술 ｜ **액젓_** 2큰술

How to make.

재료를 모두 한데 모은다.　　골고루 잘 섞으면 완성!

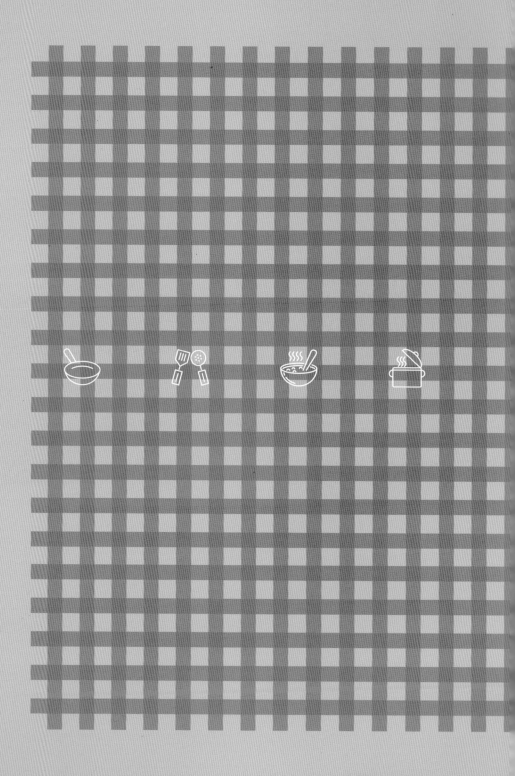

PART
01

—

간편하게 뚝딱

한끼밥

명란아보카도덮밥

귀여운 노른자가 방긋 웃고 있는 기분 좋은 덮밥이에요. 아주 쉽고 간단하게 만들 수 있기 때문에, 요리는 귀찮지만 예쁘게 먹고 싶은 날 강력하게 추천해요! 노른자의 얼굴은 다양한 표정으로 자유롭게 응용해도 좋아요.

🥕 Ingredient

밥_ 1공기
아보카도_ 1/2개
달걀노른자_ 1개
쪽파_ 2줄기
김_ 1/2장
명란_ 1큰술
버터_ 1작은술
오크라_ 1개
검은깨_ 2알
실고추_ 1줄

🍲 Preparation

* 아보카도는 씨를 빼고 껍질을 벗긴다.

* 김을 길쭉하고 잘게 자른다.

* 쪽파와 오크라를 송송 썬다.

How to make

접시에 밥 1공기를 평평하게 담고, 오크라를
여기저기 놓아 접시를 꾸민다.

쪽파와 김, 명란, 버터를 밥 위에 가지런히 담
는다.

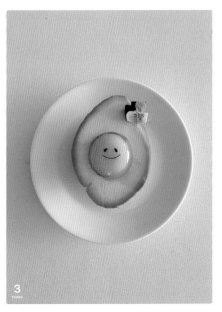

아보카도 구멍에 노른자를 넣고 검은깨로 눈
을, 실고추로 입을 만든다.

접시 한 가운데에 아보카도를 올린다.

02

목욕하는 토끼 오차즈케

무더운 여름, 혹시 입맛이 사라져서 걱정이신가요? 예로부터 더울 땐 시원한 물에 밥을 말아 먹는 게 최고라고 하죠. 시원한 녹차에 밥을 말아 짭짤한 명란을 곁들여 보세요. 목욕하는 토끼가 여러분의 사라진 입맛을 찾아 줄 것이라 장담합니다!

Ingredient

밥_ 1공기
명란_ 1줄
녹차 티백_ 1개
뜨거운 물_ 2컵
대파_ 1조각
분홍 소시지_ 1조각
김_ 1조각
후리카케_ 약간

Tool

랩   하트 모양 플런저 커터
핀셋   김 펀치(가위로 잘라도 가능)

Preparation

* 분홍 소시지를 0.5cm 두께로 썰어 토끼의 귀 모양으로 2개를 오린다. 커터로 하트 모양도 여러 개 만든다.

* 대파를 0.5cm 두께로 송송 썬다.

* 김을 김 펀치나 가위를 사용해서 눈과 입 모양으로 자른다(입은 생략 가능).

* 명란 한 줄에 칼집을 내고 참기름이나 들기름을 사용해 양쪽으로 굽는다.

* 녹차 티백을 뜨거운 물에 넣어서 우린다(시원하게 먹으려면 미리 우려서 식힌다).

* 넓적한 대접을 준비한다.

How to make

적당히 자른 랩 위에 1/3공기의 밥을 올리고 랩을 감싸 살살 매만져 토끼 머리를 만든다. 나머지 귀와 손발, 몸통도 같은 방법으로 만든다.

tip 남은 밥을 조금씩 소분하여 만들어요.

넓적한 대접 위에 몸통 - 머리 - 손 - 발 - 귀 순서로 모양을 잘 잡아 토끼를 만든다.

tip 토끼의 귀 가운데를 살짝 눌러 오목하게 만든 다음, 미리 오려 둔 소시지를 끼워요.

대접에 누워 있는 토끼 얼굴에 김으로 만든 눈과 입, 분홍 소시지로 만든 하트 코를 올린다.

tip 입은 생략해도 귀여워요.

대접에 미리 썰어 둔 파와 하트 소시지를 여기저기 붙여 장식한다.

구워 둔 명란을 토끼의 볼록한 배에 올리고, 후리카케를 뿌린다.

우려 둔 녹차를 부어 먹는다.

03

판다와 대나무

순둥이 얼굴을 하고 최애 대나무를 어깨에 살짝 짊어진 깜찍한 녀석들이에요. 어딘가 멍해 보이는 표정이 포인트! 간단한 재료로 만든 판다와 대나무 밥에 알록달록한 채소볶음을 곁들여서 귀엽고 화려한 한 끼를 먹어 보는 건 어떨까요?

Ingredient

밥_ 1공기
김_ 1장
아스파라거스_ 2줄기
블랙 올리브_ 2알
국수 면_ 2~3줄
소금_ 약간
참기름_ 약간

Tool

핀셋
가위

Preparation

* 김 1장을 사각형 조각 8개로 자른다.

* 밥에 참기름과 소금으로 간을 맞춘다.

* 아스파라거스를 살짝 데친다.

How to make

칼로 올리브를 둥글고 작게 잘라 판다의 귀를 만든다.

칼로 올리브를 1번 과정보다 더 작고 둥글게 잘라 판다의 코를 만든다.

칼로 올리브를 돌려 깎고, 가위를 사용해 눈 모양으로 오린다.

소분한 밥을 판다의 팔 모양으로 뭉쳐서 김의 거친 면 위에 올리고, 손으로 깔끔히 매만져서 판다의 팔을 만든다.

4번 과정과 같은 방법으로 나머지 팔과 다리도 만든다.

밥을 둥글고 단단하게 뭉쳐서 판다의 몸통과 머리를 만든다.

tip 몸통은 바닥에 앉을 수 있도록 아래를 살짝 평평하게 다듬어요.

머리와 몸통을 통과하도록 국수 면을 조심히 끼워 넣어서 연결한다.

How to make

판다 다리에도 짧게 끊은 국수 면을 꽂아 몸통에 연결한다.

같은 방법으로 몸통에 팔과 다리를 모두 연결한다.

판다의 귀를 머리 위에 꽂고, 눈과 코를 붙인다.

대나무를 연상시키는 아스파 라거스를 어깨에 살짝 얹어 주면 완성!

04

새콤달콤 하트 밥

평범한 밥 한 그릇의 화려한 변신! 커터로 모양만 내서 올렸을 뿐인데 꽤 그럴듯하지 않나요? 눈으로 상큼하게, 입으로 새콤하게 먹는 사랑스러운 한 끼! 취향에 따라 무 대신 당근을 활용해도 예뻐요.

 Ingredient

　　밥_ 1공기
　　달걀_ 1개
　　오이_ 1/3개
　　비트 물_ 1/2컵
　　무_ 1조각
　　단촛물_ 2큰술

 Tool

　　꽃 모양 커터
　　젓가락

 Preparation

　　* 달걀지단을 만들어 커터로 찍는다.

　　* 오이를 슬라이스한다.

　　* 무를 슬라이스한 후 커터로 모양을 내고, 비트 물에 10분 이상 담근다.

How to make

따뜻한 밥 1공기에 단촛물을 살살 섞은 뒤, 손에 물을 살짝 묻혀 하트 모양으로 만든다.

테두리부터 달걀, 무, 오이의 순서로 알록달록하게 장식한다.

테두리를 모두 채운 다음, 가운데도 채우면 완성!

05

이불 속의 아기 유령

이불에 쏙 들어가 있지만 잠투정하며 칭얼칭얼 보채는 아기 유령들이에요. 달걀지단으로
만든 별무늬의 이불이 포근해 보이죠? 김으로 입 모양을 모두 다르게 만들면 아기 유령들의
얼굴을 더욱 귀엽게 표현할 수 있어요.

Ingredient

밥_ 1공기
달걀_ 2개
소금_ 1/5작은술
김_ 1조각
참기름_ 약간
검은깨_ 약간

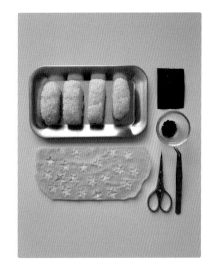

Tool

별 모양 플런저 커터

Preparation

* 밥에 소금과 참기름을 섞어 간을 맞춘다.

* 달걀 1개는 노른자와 흰자를 분리한다.

* 나머지 달걀 1개와 분리한 노른자를 섞어서 노란 지단을 1장 만든다.

* 남은 흰자를 젓가락으로 저어 푼다.

* 가위로 김 조각을 잘라 입 모양을 만든다.

How to make

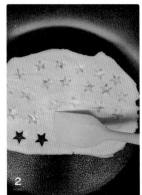

달군 팬을 기름 묻은 키친타월로 닦고, 흰자를 붓는다. 흰자 지단이 촉촉할 때 미리 만든 노란 지단을 위에 덮고, 잘 붙도록 뒤집개로 살살 누른다.

노란 지단을 펼치고 별 모양 커터로 찍어 무늬를 만든다.

미리 간을 맞춘 밥을 4조각으로 나누어 유령을 만든다. 핀셋이나 끝에 물을 살짝 묻힌 이쑤시개를 사용하여 검은깨로 눈을, 잘라둔 김으로 입을 붙인다.

아기 유령에게 지단으로 만든 이불을 덮어 재운다. 끝까지 안 자는 유령이 있다면 지단을 잘라 만든 포대기로 재운다.

tip 지단 이불은 유령들이 덮일 만한 크기로 살짝 잘라서 다듬어요.

06

강강술래 소시지덮밥

정월 대보름날 귀여운 얼굴로 옹기종기 모여서 강강술래를 하는 비엔나소시지들이에요. 달걀노른자로 표현한 보름달을 보며 소원도 빌어 보세요! 보름달의 인자한 표정이 마치 모든 소원을 들어줄 것 같지 않나요? 기분이 울적할 때 보면 웃음이 날 수밖에 없을 거예요.

 Ingredient

> 밥_ 1공기
> 비엔나소시지_ 10개
> 달걀_ 1개
> 실고추_ 1줄
> 검은깨_ 약간

Tool

> 핀셋
> 이쑤시개

Preparation

* 달걀프라이를 반숙으로 만든다.

How to make

소시지에 이쑤시개로 눈이 들어갈 구멍을 뚫고 검은깨를 넣는다.

칼로 입 모양을 살짝 낸다.

소시지의 양옆에 칼집을 내어 팔을 만든다.

끓는 물에 손질한 소시지를 넣고 데친다.

프라이해 둔 노른자에 검은 깨로 눈을, 실고추로 입을 만 든다.

밥 가운데에 달걀프라이를 얹는다.

달걀프라이 둘레에 데친 소 시지를 양손이 맞닿게 빙 두 른다.

tip 소시지 위에 스리라차소스를 뿌 려서 먹으면 더 맛있어요.

07

매시드포테이토 비숑 정식

초롱초롱한 눈망울과 포슬포슬한 털, 애교가 넘치는 사랑스러운 비숑! 간단하게 만드는 매시드포테이토로 귀여운 비숑의 얼굴을 표현했어요. 여기에 달걀프라이와 아스파라거스까지 더하면 부러운 것 없는 완벽한 아침 식사가 될 거예요.

 Ingredient

감자_ 1개
달걀_ 1개
아스파라거스_ 3~4줄기
방울토마토_ 2~3개(생략 가능)
우유_ 1~2큰술
버터_ 1작은술
소금_ 약간
통후추_ 약간

 Tool

핀셋
거품기 또는 포크

🍜 Preparation

＊감자는 껍질을 벗기고 여러 조각으로 자른다.

How to make

냄비에 물과 소금을 조금 넣고 조각낸 감자를 넣어 푹 익힌다.

감자를 삶는 동안 아스파라거스 밑동의 두꺼운 부분을 칼로 정리한다.

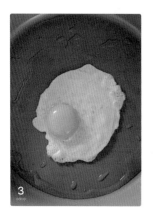

기름을 두른 팬에 달걀프라이를 한 다음, 그 팬에 아스파라거스를 볶아 소금과 후추로 마무리한다.

냄비에서 삶은 감자의 물만 버린 다음, 그대로 감자를 으깬다.

감자를 적당히 으깬 다음, 버터와 우유를 넣고 섞어 부드럽게 만든다.

매시드포테이토를 조금만 따로 덜어 놓고, 나머지는 모두 세 덩이로 대충 둥글게 만든다.

덩어리마다 아랫부분을 손으로 살짝 눌러 오목하게 만든다.

오목한 곳 위쪽에 통후추로 눈을 붙인다.

How to make

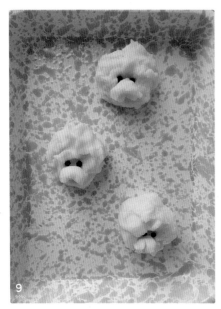

9

10

6번 과정에서 따로 덜어 놓은 매시드포테이
토로 주둥이를 만들어 붙인다.

주둥이 위에 통후추 하나를 붙여 코를 표현
한다.

tip 양 끝을 살짝 아래로 처지게 만들면 자연스러워요.

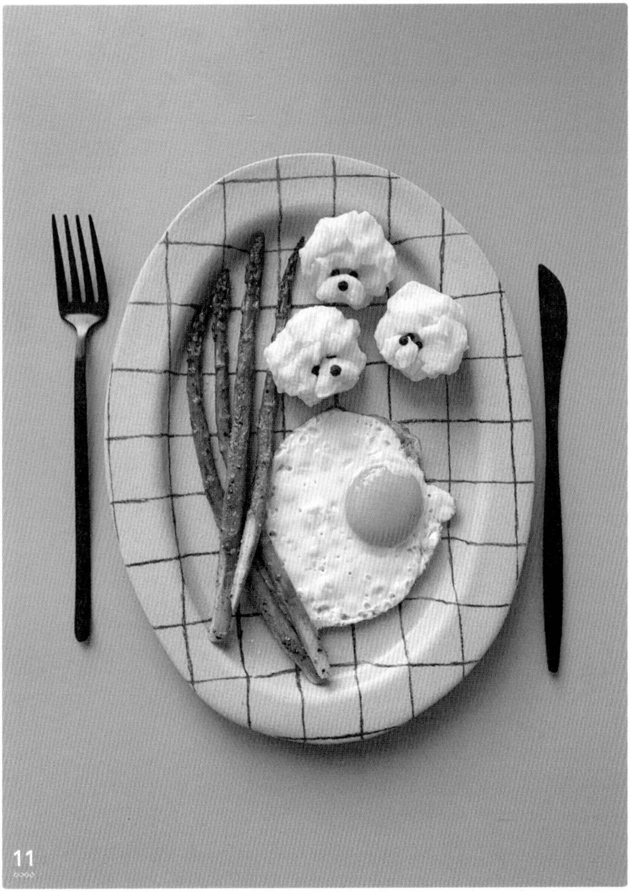

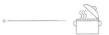

달걀프라이와 아스파라거스, 매시드포테이토를 접시에 예쁘게 담는다.

08

으스스한 애나벨 도시락

주의! 이 도시락을 열면 소스라치게 놀라고 말 거예요. 너무 귀여워서…. 으스스하지만 맛있
고 깜찍한 애나벨을 예뻐해 주세요. 스파게티 면으로 만든 머리카락은 그냥 늘어뜨려도 좋
지만, 인형의 머리처럼 한 땀 한 땀 장인 정신으로 땋아 주면 더 귀여워요.

 Ingredient

    스파게티 면_ 1인분
    김_ 1장
    물_ 1~2컵
    밥_ 2큰술
    미니 모차렐라 치즈_ 2개
    마늘_ 5쪽
    올리브유_ 2큰술
    맛소금_ 1/2작은술

 Tool

    가위

How to make

1

마늘을 편으로 썰고, 달군 팬에 올리브유를 두르고 볶는다.

2

물 1컵과 맛소금을 팬에 넣고 끓인다.

3

스파게티 면을 넣고 계속 끓이다가, 물이 졸면 다시 물을 더 넣어가며 면을 익힌다.

4

밥을 둥글게 만들어 도시락에 넣는다.

5

밥 아래에 스파게티와 마늘을 적당히 넣는다.

김을 적당한 크기로 잘라서 도시락 속의 스파게티에 덮고 원피스 모양으로 만든다. 미니 모차렐라 치즈 두 개를 발처럼 놓는다.

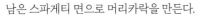

남은 스파게티 면으로 머리카락을 만든다.

tip 면을 땋아서 땋은 머리를 표현해도 예뻐요.

가위로 김을 잘라서 눈과 입을 만들고 밥에 붙인다.

tip 표정을 투박하게 만들면 더욱 귀여워요

09

소시지 엎은 밥

모든 것이 귀찮은 주말, 하루 종일 뒹굴뒹굴하다가 놓쳐 버린 끼니를 챙기러 혼밥할 때 아주 간단하게 만들 수 있는 한 그릇 밥이에요. 달걀프라이와 소시지만 있으면 되는데, 심지어 설거지할 그릇도 적으니 완전 일석이조!

 Ingredient

긴 소시지_ 1개
밥_ 1공기
달걀_ 1개
명란_ 1/2큰술
고추냉이_ 약간
쪽파_ 약간
김_ 약간
검은깨_ 약간
스리라차소스_ 약간

Tool

핀셋

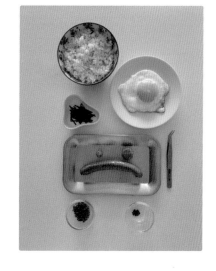

 Preparation

* 달걀을 반숙으로 프라이한다.

* 소시지를 팬에 굽는다.

* 명란과 고추냉이를 각각 동글동글하게 뭉친다.

* 쪽파를 송송 썬다.

* 김을 가늘게 자른다.

How to make

그릇에 밥을 평평하게 담고 그 위에 달걀프라이를 올린다.

노른자 옆에 잘라 놓은 김 가루를 쌓는다.

김 가루 위에 명란을 올리고, 명란 위에 고추냉이를 올린다.

김 가루 옆에 쪽파를 쌓는다.

5

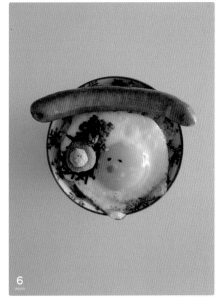

6

노른자에 핀셋으로 검은깨를 붙여 눈을, 젓가락으로 스리라차소스를 살짝만 찍어 입술을 만든다.

그릇 끝에 소시지를 올리면 완성!

10

깡충깡충 간장달걀밥

반찬이 시원찮거나 입맛이 없을 때 흔히 만들어 먹던 간장달걀밥은 이제 빠질 수 없는 추억의 메뉴가 되었어요. 평범한 간장달걀밥을 빈티지한 토끼 인형 모양으로 만들어 아련한 추억 한 스푼을 더해볼까요?

🥕 Ingredient

밥_ 1공기
달걀_ 1개
버터_ 1/2큰술
간장_ 1큰술
흰 슬라이스 치즈_ 약간
파프리카(빨강, 노랑)_ 약간
김_ 약간
후추_ 약간

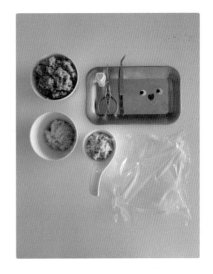

🍴 Tool

랩
하트 모양 플런저 커터
가위
핀셋

🍲 Preparation

* 밥 1공기에서 1큰술만 따로 빼고, 나머지는 모두 간장, 준비한 버터의 1/2조각, 후추를 넣어 잘 섞는다.

* 달군 팬에 남은 버터 1/2조각을 넣고 달걀로 스크램블드에그를 만든다.

* 가위를 사용해 치즈로 동그라미 2개, 김으로 작은 동그라미 2개, 노란 파프리카로 입을 만든다. 빨간 파프리카는 커터로 찍어 하트 모양을 만든다.

How to make

적당히 자른 랩에 미리 간장 양념한 밥을 1/3 정도 올리고 스크램블드에그를 넣는다.

랩을 감싸 올려 얼굴 모양으로 잘 매만진다.

tip 주둥이가 들어갈 부분을 살짝 눌러 오목하게 만들어요.

2번 과정과 같은 방법으로 토끼의 귀와 몸통, 팔다리를 만든다.

4

5

랩을 풀어 접시 위에 토끼 모양을 잘 맞춰 올
리고, 양념하지 않고 남겨둔 밥으로 토끼의 주
둥이를 만든다.

미리 만들어 놓은 눈, 코, 입을 핀셋으로 토끼
얼굴에 붙인다.

11

유령과 보름달

보름달이 뜨면 시작되는 유령들의 축제! 으스스한 한기가 느껴지는 유령과 보름달 덮밥이에요. 소름이 끼칠 정도로 만들기도 정말 쉽다는 사실! 5분 만에 뚝딱 만들어 밥그릇 들고 소파로 직행 가능! 오늘 밤 공포 영화 한 편 어떠세요?

🥕 Ingredient

밥_ 1공기
달걀_ 1개
간장_ 1큰술
참기름_ 1작은술
깨_ 약간
김_ 약간

🍴 Tool

가위
거품기 또는 핸드 믹서
tip 육체와 정신의 건강을 위해 핸드 믹서를 추천해요.

🍲 Preparation

* 먹기 직전에 밥을 한다. 밥이 가장 뜨거울 때 후다닥 요리하여 먹는 것이 포인트!

* 싱싱하고 좋은 달걀을 준비한다.

* 달걀노른자와 흰자를 분리한다.

* 김을 유령의 눈과 입 모양으로 자른다.

How to make

핸드 믹서로 흰자에 거품을 내어 머랭을 만든다.

뜨거운 밥 한쪽에 머랭을 취향껏 올린다.

노른자를 터지지 않게 조심
해서 밥 위에 올린다.

김으로 만들어 놓은 눈과 입을 머랭에 붙인다.

노른자 위에 간장, 참기름, 깨를 뿌려 완성한다.

tip 밥이 뜨거울 때 잘 비벼서 드세요.

PART

02

—

아기자기하게
하나씩

한입 밥

01

꽃밭 유부초밥

도시락 단골손님인 유부초밥! 맛도 좋고 배도 부르지만, 어딘가 심심한 모양새가 조금 아쉬울 때가 있죠? 이럴 때 만들어서 피크닉에 가져가면 주위의 시선을 한 몸에 받을 수 있는 아주 귀여운 유부초밥이 여기 있어요.

Ingredient

사각 유부_ 1팩
밥_ 1공기
달걀_ 1개
분홍 소시지_ 1~2조각
그린빈_ 1줌
완두콩_ 12알
당근_ 3~4조각
슬라이스 치즈_ 1/2장
스리라차소스_ 약간
마요네즈_ 약간

Tool

핀셋, 젓가락
꽃 모양 플런저 커터

Preparation

* 유부에 동봉된 단촛물을 밥에 섞어 1/2공기는 그대로 두고, 1/2공기에만 잘게 다진 분홍 소시지를 넣고 섞는다(하얀색 밥과 분홍색 밥 완성!).
* 달걀지단을 만들어 얇게 썬다.
* 슬라이스한 당근과 치즈를 커터로 찍는다.
* 완두콩은 소금을 넣고 데친다.
* 그린빈을 유부 길이에 맞춰 자르고, 8조각만 2cm 길이로 어슷썰기한다.

How to make

유부에 밥을 평평하게 넣고 그 위에 그린빈을 3개씩 올린다. 그린빈 위에 치즈 꽃을 올리고, 젓가락에 스리라차소스를 살짝 묻혀 가운데에 찍는다.

유부에 분홍 소시지를 섞은 밥을 평평하게 넣고 완두콩을 3알씩 올린다.

유부 바닥에 밥을 살짝 깔아 중심을 잡고 그 위에 지단을 올린다. 지단 위에 당근 꽃과 어슷썰기 한 그린빈을 붙여 잎을 표현한다. 젓가락으로 마요네즈를 묻혀 당근 가운데에 살짝 찍는다.

02

단발머리 주먹밥

여자라면 누구나 한 번쯤 앓고 지나가는 인생의 고민, 단발병! 가끔 단발병이 강하게 밀려오는 바람에 단발병 퇴치 짤로도 해결되지 않을 때는 이 요리를 만들며 해소해 보세요. 구우면 더 맛있어지는 가지로 연출한 헤어스타일, 멋지지 않나요?

Ingredient

가지_ 1개
밥_ 1공기
마늘_ 4쪽
홍고추_ 1~2개
굴소스_ 1큰술
간장_ 1큰술
오일_ 1큰술
청주_ 2큰술
검은깨_ 약간

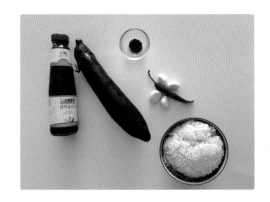

Preparation

* 마늘을 편으로 썰고, 고추를 채썰기한다.

* 홍고추 끝부분을 동그란 모양으로 5~6개 채썰기해서 따로 준비한다.

How to make

가지를 4조각으로 자르고, 가운데 부분을 베어 낸다.

칼로 가지 껍질에 격자무늬를 내고, 모두 반으로 잘라 8조각으로 만든다.

달군 팬에 오일을 두르고 마늘과 홍고추를 볶는다.

팬에 가지를 올리고 뒤집어 가며 노릇노릇하게 굽는다.

가지가 적당히 구워지면 굴소스와 간장, 청주를 넣고 센불에서 재빨리 섞는다.

밥을 삼각 주먹밥 모양으로 뭉치고 검은깨로 눈을, 고추로 입을 붙여 얼굴을 만든다.

주먹밥 머리에 볶은 마늘과 고추를 적당히 올리고, 가지를 얹으면 완성!

tip 검은깨의 위치와 방향을 자유롭게 붙여 보세요. 다양한 표정을 만들 수 있어요.

스팸무스비

스팸무스비는 김으로 감싼 일본의 주먹밥인데요. 알록달록하고 맛도 좋아 우리의 도시락 단골 메뉴로 대중화되었어요. 통조림 햄과 달걀처럼 간단한 재료로 만드는데도 아주 든든하고 맛난 레시피랍니다. 여기에 좋아하는 채소를 곁들이면 더욱 좋아요.

Ingredient

통조림 햄(200g)_ 1개
밥_ 1공기
달걀_ 3개
김_ 1/2장

[소스]
설탕_ 2큰술
간장_ 1큰술
물_ 1큰술

Tool

통조림통
랩

How to make

햄을 4조각으로 자른다.

적당한 불로 달군 팬에 햄을 올리고 느긋하게 시간을 두고 굽는다.

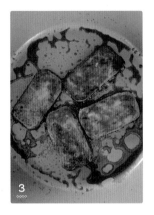

약한 불로 달군 팬에 소스 재료를 넣고, 바글바글 끓으면 구운 스팸을 넣고 졸인다.

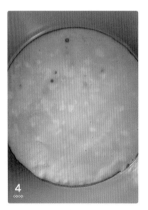

달걀을 잘 풀어서 섞은 다음 오일 두른 팬에 붓는다.

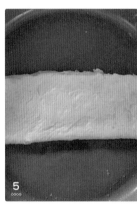

햄 길이와 비슷한 크기로 넓적하게 달걀을 말고, 적당한 두께로 자른다.

김을 얇고 길게 자른다.

깨끗하게 씻은 통조림통 안에 랩을 깔고, 햄 - 밥 - 달걀 순으로 넣은 다음 랩을 잡아 올려 쏙 뺀다.

 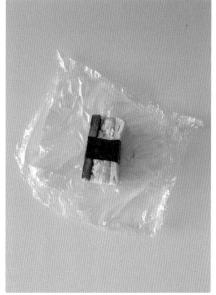

잘라 놓은 김을 말아 완성한다.

딩굴딩굴 물개 주먹밥

만드는 방법이 황당할 정도로 간단한 물개 주먹밥! 냉장고에 있는 먹다 남은 재료를 활용해서 쉽게 만들 수 있어요. 후다닥 만들어 배고플 때 주머니에서 하나씩 꺼내 먹어요. 도시락에 넣어도 딩굴딩굴하는 동그란 물개들이 귀여움을 마구마구 뿜낼 거예요!

Ingredient

밥_ 1공기
게맛살_ 1개
오이_ 1/4개
마요네즈_ 1큰술
소금_ 약간
후추_ 약간

Tool

네임펜
티스푼
랩

Preparation

* 오이는 채썰기하고, 게맛살은 잘게 찢어 마요네즈 1큰술, 소금, 후추를 넣고 섞는다.

How to make

1

적당히 자른 랩에 소금을 조
금 뿌린다.

2

랩 위에 밥을 한 숟가락 올리
고 살짝 편다.

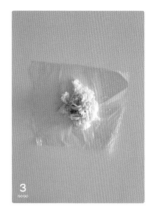

3

밥 위에 버무린 오이 게맛살
샐러드를 조금 얹는다.

4

밥을 랩으로 싸서 타원형으
로 만든다.

tip 한쪽을 살짝 더 크게 만들면 자
연스러워요.

5

주먹밥에 네임펜으로 물개
얼굴을 그린다.

양들의 **침묵**

감자에 따로 간을 하지 않아도 파마산 치즈의 짭짤함과 감칠맛 덕분에 자꾸만 손이 가는 '양들의 침묵'이에요. 치명적인 귀여움을 가진 검은코양을 모티브로 만들었습니다. 레시피 그대로 먹어도 좋지만, 크래커 위에 한 마리씩 올려서 와인과 즐기는 것도 추천합니다.

Ingredient

감자_ 1개
파마산 치즈_ 3큰술
블랙 올리브_ 3~5알
소금_ 약간

Tool

가위
핀셋
거품기 또는 포크

Preparation

* 감자는 껍질을 벗기고 여러 조각으로 자른다.

How to make

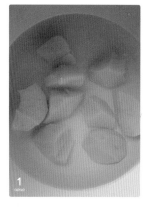 

끓는 물에 소금을 조금 넣고 감자를 푹 익힌다.

감자가 익으면 냄비의 물을 버리고, 약불에 올려 거품기나 포크로 마구 으깨서 감자 반죽을 만든다.

부드러운 감자 반죽을 조금 떼어 손바닥으로 타원형의 몸통을 여러 개 만든다.

감자 반죽으로 만든 몸통을 파마산 치즈 위에 굴려 양의 보송보송한 털을 표현한다.

 tip 반죽이 뜨거우니 조심하세요

양의 머리를 3~4번 과정과 같은 방법으로 만들어 몸통 위에 올린다.

tip 몸통의 1/3 정도 크기로 동그랗게 만들면 돼요.

올리브를 잘라 양의 얼굴과 귀를 만든다.

tip 큰 역삼각형으로 얼굴을, 작은 역삼각형으로 귀를 만들어요. 이때 얼굴은 더 넓게, 귀는 더 가늘게 잘라요.

양의 머리에 올리브로 만든 얼굴과 귀를 쏙 집
어넣는다.

접시에 옹기종기 플레이팅한다.

화려한 채소초밥

알록달록한 색감이 예쁜 채소들이 모인 초밥입니다. 손님이 왔을 때도 좋고, 혼자서 예쁘고 가볍게 먹고 싶은 날에도 추천해요. 리치한 아보카도가 상큼한 채소와 묵직한 밥을 품어서 색다른 맛을 즐길 수 있답니다. 꼭 한번 만들어 보세요!

Ingredient

밥_ 1/2공기
아보카도_ 1/2개
오이_ 1/5개
파프리카(빨강, 노랑)_ 각 1조각
김_ 1/3장
단촛물_ 1큰술
검은깨_ 약간

Tool

핀셋

Preparation

* 파프리카와 오이를 적당한 크기로 썬다.

* 아보카도를 손질하고 세로로 길게 자른다.

* 김을 한입 크기의 작은 직사각형으로 자른다.

* 밥에 단촛물을 섞어 작고 동그랗게 빚는다.

How to make

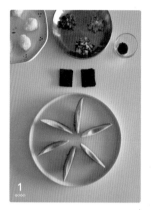

손질한 아보카도를 접시 위 에 예쁘게 놓는다.

아보카도 위에 김을 올린다.

김 위에 밥을 올린다.

밥 위에 손질한 채소들을 핀셋으로 세심하게
올린다.

검은깨를 뿌려 마무리한다.

07

핑크빛 장미 김밥

비트 물을 섞어 만든 분홍색 밥으로 예쁜 장미 한 송이를 표현한 김밥입니다. 장미 김밥으로 도시락을 싸서 화창한 날에 피크닉을 가면 너무 행복할 것 같아요. 귀찮다면 그냥 집에서 만들어 먹어도 기분 전환에 도움이 돼요.

 Ingredient

밥_ 1공기(수북하게)
달걀_ 2개
그린빈_ 1줌
김_ 2장
비트 물_ 2큰술
단촛물_ 2큰술

 Preparation

* 밥에 단촛물을 섞고, 1/2공기에만 비트 물을 추가로 섞어 분홍색 밥을 만든다.
* 그린빈을 소금 넣고 데친다.
* 달걀 2개를 풀어 지단 2장을 얇게 부친다.

How to make

지단 위에 분홍색 밥을 얇게 깔고 둘둘 말아 올린다.

김 위에 밥을 얇게 깔고, 그린빈과 1번 과정의 지단을 올린다.

재료들을 잘 감싸 김밥을 만다.

칼로 예쁘게 썰면 완성!

tip 칼에 물을 묻히면 단면이 더욱 깔끔하게 잘려요.

08

타르타르소스 꼬질꼬질 댕댕이

방금 미용을 끝낸 하얗고 깔끔한 강아지도 예쁘지만, 목욕을 안 해서 꼬질꼬질한 털의 강아지도 참 귀엽죠! 삶은 달걀에 타르타르소스를 얹어 따뜻한 느낌의 아이보리색 털을 표현했어요. 귀여운 얼굴까지 만들어 붙이면 금세 깜찍한 댕댕이가 완성돼요.

Ingredient

달걀_ 4개
양파_ 1/2개
래디시_ 1~2개
오이_ 1/3개
피클_ 8조각
통후추_ 8개
생파슬리_ 2~3줄기
마요네즈_ 8큰술
검은깨_ 약간

Tool

티스푼
핀셋

Preparation

* 달걀을 완숙으로 삶는다(끓는 물에 넣고 약 15분).
* 양파, 피클, 파슬리를 잘게 다진다.
* 오이와 래디시를 얇게 슬라이스한다.

How to make

삶은 달걀을 반으로 가른다.

볼에 마요네즈와 다진 양파, 피클, 파슬리를 넣고 잘 섞어 타르 타르소스를 만든다.

반으로 가른 달걀 위에 슬라이스한 오이와 래디시를 겹쳐서 얹는다.

그 위에 티스푼으로 타르타르소스를 얇게 올린다.

티스푼에 타르타르소스를 살짝 묻히고 달걀 양 끝에 올려서 강아지의 귀를 표현한다. 핀셋으로 검은깨를 2개씩 붙여 눈을 만든다.

핀셋으로 통후추를 하나씩 올려 코를 만든다.

tip 이대로도 좋지만, 더 정교하게 만들고 싶다면 검은깨로 입을, 빨간 파프리카로 리본을 만들어 붙여요.

09

검은 **봉다리 밥**

김과 밥으로 만든 재밌는 비주얼의 검은 봉지 밥입니다. 김에만 싼 밥이기 때문에 채소나 반찬을 곁들이면 좋아요. 예쁜 요리가 넘쳐 나는 요즘, 세상에 이런 쿨한 주먹밥도 있다고 외치고 싶습니다!

Ingredient

김_ 1장(추가로 여분의 김 약간)
밥_ 2/3공기
참기름_ 약간

Tool

참기름 솔
가위
핀셋

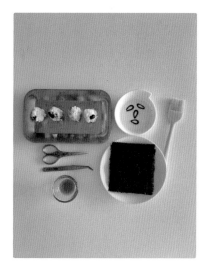

Preparation

* 김 1장을 4조각으로 자른다.

* 밥을 작은 덩어리로 뭉친다.

* 가위로 김을 잘라 손잡이 4개를 만든다.

How to make

김 위에 주먹밥 하나를 올린다.

김의 모서리 끝을 맞닿게 잡아 뭉친다.

뒤집어서 솔로 참기름을 바른다.

손잡이를 살짝 구겨서 사실감을 표현하고, 끝부분을 참기름에 넣었다 뺀 뒤 봉지에 붙인다.

10

알록달록 꼬치주먹밥

여러 가지 재료를 꽂아 더 귀엽고 맛있는 꼬치 주먹밥입니다. 보기에도 예쁘지만 식어도 맛있기 때문에 도시락으로 아주 그만입니다. 입맛에 따라 재료를 바꿔 끼워서 다양한 꼬치주먹밥을 만들어 보세요.

Ingredient

밥_ 1공기
표고버섯_ 4개
방울토마토_ 4개
꽈리고추_ 4개
소시지_ 4개
완두콩_ 1줌
스파게티 면_ 4줄
국수 면_ 1줄
검은깨_ 약간
소금_ 약간

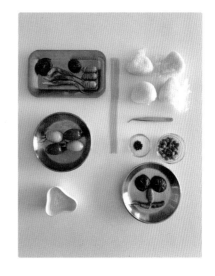

Tool

핀셋
랩

Preparation

* 오일 두른 팬에 소시지를 볶는다.

* 소시지를 볶은 팬에 소금을 넣고 표고버섯과 꽈리고추를 볶는다.

* 방울토마토를 씻어 물기를 뺀다.

* 완두콩을 소금 넣은 물에 삶아서 물기를 뺀다.

How to make

랩 위에 소금을 조금 뿌린다.

그 위에 밥 1/4공기를 얇게 깔고 완두콩을 올려 감싼 다음, 예쁘게 매만져 주먹밥 모양을 만든다.

주먹밥 윗부분에 스파게티 면을 정중앙에 꽂고, 표고버섯과 소시지를 꽂는다.

그다음 꽈리고추와 방울토마토를 중심을 잡아 쌓는다.

tip 삐죽 튀어나온 스파게티 면은 깔끔하게 잘라요.

국수 면을 2cm 정도로 끊어 완두콩에 꽂고, 반대쪽을 주먹밥 가운데 꽂아 코를 표현한다.

검은깨를 붙여 눈을 만든다.

11

체커보드 **김밥**

한 땀 한 땀 손이 많이 가긴 하지만, 만들고 보면 매우 감탄하게 될 체커보드 무늬의 김밥입니다. 무릇 평범함을 거부하는 MZ 세대라면 이런 김밥을 먹어야 하지 않겠어요? 속 재료를 맛살과 채소로 채워서 아삭아삭한 식감도 매력적이랍니다.

Ingredient

사각 라이스페이퍼_ 1장
김_ 1장
슬라이스 치즈_ 4장
미니 파프리카(빨강, 노랑, 주황)_ 각 1개
게맛살_ 1개
그린빈_ 1줌
따뜻한 물_ 1컵

Tool

가위
핀셋
종이 포일

Preparation

* 끓는 물에 소금을 조금 넣고 그린빈을 데친다.
* 파프리카를 채썰기한다.
* 게맛살을 반으로 가르고 2조각으로 자른다.

How to make

가위로 김을 잘라 작은 사각
형 여러 개를 만든다.

tip 되도록 일정한 크기로 자르는
것이 좋아요!

도마에 종이 포일을 깐다.

라이스페이퍼를 물에 적셔서
종이 포일 위에 올린다.

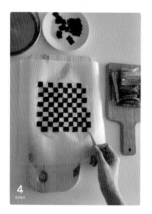

라이스페이퍼 위에 사각형으
로 자른 김을 규칙적으로 올
려 체커보드 모양을 만든다.

라이스페이퍼 위에 치즈를 올린다.

tip 치즈를 잘라서 라이스페이퍼 크기에 잘 맞춰 주세요

치즈 위에 게맛살, 파프리카, 그린빈을 모두 올린다.

라이스페이퍼를 종이 포일에서 조심히 떼어 낸다.

예쁘게 말아 올리면 완성!

12

비숑 **유부초밥**

아련하고 은은한 미소를 짓고 있는 비숑 프리제 유부초밥입니다. 평범한 유부초밥에 모양만 조금 냈을 뿐인데 확 다른 음식처럼 보이지 않나요? 그나저나 비숑의 표정이 분명히 웃고 있는데도 슬퍼 보이는 건 기분 탓이겠지요.

Ingredient

밥_ 1공기
삼각 유부_ 6~8개
고추냉이_ 1작은술
블랙 올리브_ 2알(김 1조각으로 대체 가능)
검은깨_ 약간

Tool

가위
핀셋

Preparation

* 밥 1공기에 유부에 동봉된 단촛물을 섞는다.

* 유부의 물기를 살짝 뺀다.

* 올리브를 얇게 슬라이스해서 가위로 비숑의 코와 입 모양을 자른다.

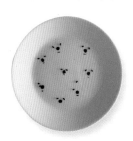

How to make

유부 안쪽에 고추냉이를 살짝 바르고, 밥을 조금 모자라게 채워 넣는다.

밥을 살짝 뭉쳐 비숑의 머리와 주둥이 모양을 만든다.

tip 머리는 약간 길고 휘어지게, 주둥이는 작고 동그랗게 만들어요

아래쪽에 주둥이를 붙인다.

위쪽에 머리를 붙인다.

눈, 코, 입을 핀셋으로 붙인다.

tip 검은깨 2개는 유부 안으로 넣은 밥에 붙이고, 올리브로 만든 코와 입은 주둥이에 붙여요.

13

어부바 **주먹밥**

참 따뜻했던 부모님의 품이 생각나는 어부바 주먹밥입니다. 항상 온화한 표정의 자상한 어머니 주먹밥, 삶의 무게로 술을 친구 삼은 아버지 주먹밥의 코는 술독이 올랐네요. 어버이날 어부바 주먹밥을 부모님께 대접하는 건 어떨까요? 음식으로 장난치는 거 아니라고 등짝 스매싱을 맞을 수도 있다는 점 주의하세요!

 Ingredient

    밥_ 1공기
    비엔나소시지_ 4~5개
    김_ 1장
    국수 면_ 2줄
    스리라차소스_ 1큰술
    완두콩_ 약간
    검은깨_ 약간
    당근_ 약간(한 톨 크기)

 Tool

    핀셋
    가위

Preparation

    * 포대기로 쓸 김을 길게 4장으로 자른다.

    * 소시지를 데친다.

    * 완두콩을 소금 넣은 물에 데친다.

    * 김을 오려 콧수염, 눈썹, 입을 만든다.

How to make

적당량의 밥을 펴서 가운데 스리라차소스를 넣고 오므린다.

완두콩에 2cm로 자른 국수 면을 꽂아 주먹밥의 코를 표현하고, 검은깨로 눈을 붙인다.

tip 아빠 주먹밥은 김으로 만든 눈썹과 콧수염. 입을 붙이고 당근 한 톨에 국수 면을 꽂아 코를 표현해요.

소시지 윗부분에 짧게 자른 국수 면을 꽂아 머리털을 만들고,
검은깨를 꽂아 눈을 만든다.

tip 검은깨를 붙이기 어려울 때는 이쑤시개로 살짝 구멍을 낸 다음 꽂아요.

길게 자른 김 포대기에 아기 비엔나소시지를 감싼 다음, 주먹밥 등에 말아서 어부바한다.

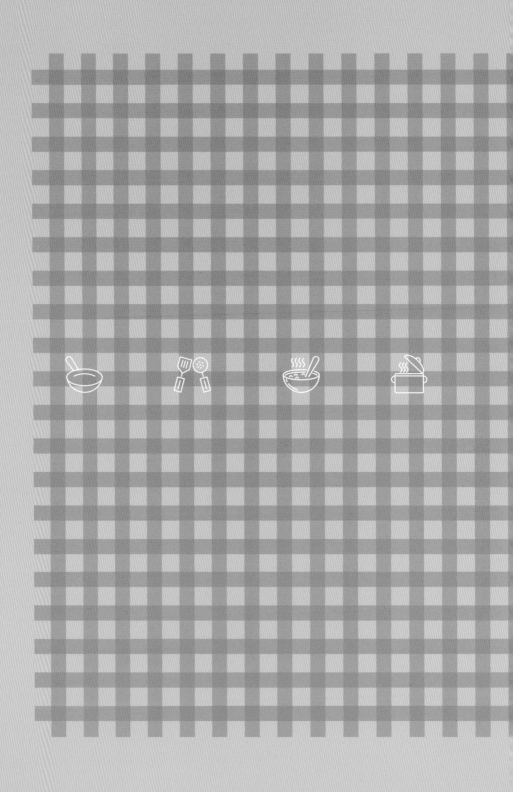

PART
03

—

건강하게
아삭아삭

한 끼 채소

01

매콤 가지구이

맛있는 가지를 매콤하게 조린 가지 구이입니다. 귀여운 강아지 주먹밥을 곁들여 도시락으로 싸면 눈으로도, 입 안에서도 어울리는 최고의 요리가 될 거예요. 주먹밥 안에 참치와 마요네즈 등을 넣어 만들어도 좋아요.

 Ingredient

가지_ 1개
밥_ 1/2공기
마늘_ 2쪽
파_ 1/2줄기
김_ 1/2장
검은콩_ 1알

[양념]
간장_ 2큰술
맛술_ 1큰술
꿀_ 1큰술
참기름_ 1큰술
고추장_ 1/2큰술

Tool

가위   핀셋

 Preparation

* 밥으로 얼굴이 될 둥글둥글한 삼각형 모양 1개와 귀가 될 물방울 모양 2개를 만든다.

  tip 랩을 감싸 밥의 모양을 잡으면 쉬워요.

* 김을 눈 모양으로 자른다(코도 김으로 대체 가능).

* 귀를 감쌀 만한 크기로 김을 자른다.

How to make

1. 파와 마늘을 다지고, 양념 재료와 한데 모아 섞는다.

2. 잘라둔 김에 물방울 모양 밥을 넣고 감싸서 귀를 만든다.

3. 얼굴 주먹밥 위에 눈과 코, 귀를 붙여 강아지를 완성한다.

4. 가지를 반으로 잘라 격자무늬로 1/3 깊이의 칼집을 낸다.

5. 오일 두른 팬에 가지를 올려 칼집 낸 쪽을 먼저 노릇노릇하고 먹음직스럽게 굽는다.

가지를 뒤집어서 양념을 얹고 더 굽다가 불에
서 내린다.

미리 만든 강아지 주먹밥과 가지를 곁들여 먹
는다.

02

비숑 밀푀유나베

시간이 날 때 미리 만들어 냉장고에 두어도 좋은 밀푀유나베입니다. 먹기 전 육수나 물을 부어 끓이기만 하면 근사한 요리가 완성돼요. 귀여운 비숑 한 마리 덕분에 손님 초대용으로도 좋고, 채소를 싫어하는 아이의 마음도 사로잡을 수 있어요.

Ingredient

소고기(불고기용)_ 300~400g
알배기 배춧잎_ 8장
깻잎_ 16장
무_ 1/4개
버섯_ 2줌
쪽파_ 1줌
당근_ 3조각
김_ 1조각

Tool

가위
핀셋
꽃 모양 플런저 커터

Preparation

* 무를 갈아서 체에 올린다.
* 모든 채소를 깨끗하게 씻어 물기를 뺀다.
* 김을 가위로 잘라 비숑의 눈코를 만든다.
* 당근을 커터로 자른다.

How to make

배춧잎 1장 위에 깻잎 2장, 그 위에 고기 1장을 올린다. 이 순서를 7번 더 반복한다.

배추 크기에 따라 3~4조각으로 자르고, 냄비에 차곡차곡 넣는다.

어느 정도 물기가 제거된 무를 다시 한 번 손으로 꼭 짠 다음,
1/2 정도만 떼어 강아지 몸의 형태를 만든다.

tip 동그란 몸통을 먼저 만들고 앞발을 붙여요.

남은 무를 조금 떼어 동그란 얼굴을 만들고, 가운데를 살짝 눌
러서 오목하게 한 다음 몸통 위에 올린다. 김으로 만든 눈을 핀
셋으로 오목한 곳 안쪽에 붙인다.

How to make

남은 무를 아주 조금만 떼어 주둥이를 만들고, 얼굴과 마찬가지로 가운데를 살짝 눌러 눈 아래 붙인다. 핀셋으로 코를 붙이면 일단 비숑 완성!

6

밀푀유나베 위에 비숑을 조심히 올리고 나머지 채소를 둘러 장식한다.

쌈 채소 꽃다발

예쁜 쌈 채소들을 모두 모아 다발로 묶었어요. 식용 꽃을 올리면 이렇게 화려한 쌈 채소 꽃다발이 완성돼요. 만들기도 무척 쉬우니까 여러 다발로 엮어서 손님 초대상에 올리거나 고기 구울 때 곁들여 보세요. 예쁜 포인트가 될 거예요.

Ingredient

모둠 쌈 채소_ 1팩
식용 꽃_ 10~15송이
쪽파_ 5줄기

Preparation

* 채소와 식용 꽃을 모두 깨끗이 씻어 물기를 말린다.
* 쪽파는 밑동을 모두 자르고 줄기만 남긴다.

How to make

모둠 쌈 채소 중 가장 길고 큰 잎을 고른다.

큰 잎 위에 나머지 채소를 골라서 옹기종기 올린다.

3

4

큰 잎으로 채소를 감싸 쪽파로 살살 묶는다.

꽃다발을 상상하며 군데군데 식용 꽃을 올려 마무리한다.

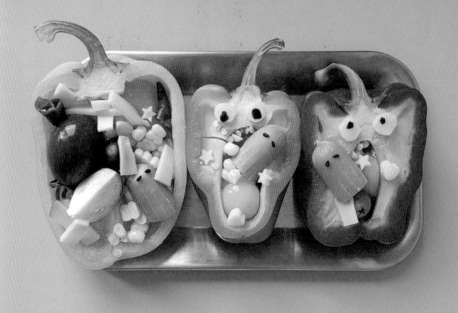

리카리카 샐러드

달고 아삭한 파프리카에 햄, 치즈, 채소, 올리브 등 맛있는 건 다 때려 넣어 오븐에 구운 따뜻한 샐러드입니다. 간식으로도 좋지만 와인 안주로도 잘 어울려요. 파프리카에 들어가는 재료는 취향에 맞는 치즈와 채소로 다양하게 대체해도 좋습니다.

Ingredient

파프리카_ 3개
달걀_ 3개(혹은 메추리알)
치즈_ 1줌
소시지_ 3개
방울 양배추_ 3개
방울토마토_ 3개
옥수수 알갱이_ 1줌
올리브_ 3알
올리브유_ 약간
소금_ 약간
후추_ 약간

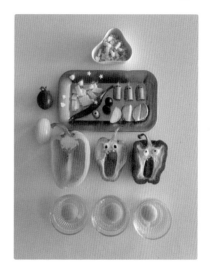

Tool

별, 하트 모양 플런저 커터

Preparation

* 치즈는 취향에 맞는 종류로 준비한다.

* 오븐을 200도로 예열한다.

* 치즈, 소시지, 채소를 파프리카의 크기에 맞게 잘게 썬다.

　tip 치즈는 커터로 찍어도 좋아요

How to make

파프리카를 반으로 자른다.

tip 치즈와 올리브를 동그랗게 잘라서 눈을 만들어 붙이면 더욱 귀여워요

파프리카 안에 채소와 치즈, 소시지, 올리브, 달걀을 넣는다.

tip 파프리카가 크면 달걀, 작으면 메추리알을 넣어요.

재료를 가득 채운 파프리카에 올리브유를 한 바퀴 두르고 소금과 후추를 뿌린다.

200도로 예열된 오븐에 15분 정도 굽는다.

05

꽃다발 김마키

김과 몇 가지 채소만 있으면 간단하게 만들 수 있는 꽃다발 김마키입니다. 식탁에 올려도 예쁜 포인트가 되고, 다이어트에도 가벼운 한 끼가 될 거예요. 오늘 자신에게 예쁜 꽃다발을 선물해 보는 건 어떨까요?

Ingredient

김_ 1장
이자벨(유럽 상추) 또는 일반 상추_ 1줌
노란 파프리카_ 1/3개
빨간 파프리카_ 1/3개
게맛살_ 1~2개
무순_ 1줌
꼬들 단무지_ 1줌
오이_ 4조각
당근_ 1조각

Tool

핀셋
꽃, 별, 하트 모양 플런저 커터

Preparation

* 김을 반으로 잘라 2장을 만든다.
* 채소는 씻어서 물기를 뺀다.
* 꼬들 단무지를 대강 다진다(취향에 따라 다지지 않아도 된다).
* 파프리카를 채썰기하고 게맛살도 채소 길이에 맞게 자른다.
* 장식으로 쓸 자투리 채소를 커터로 찍는다.

How to make

김 한쪽에 비스듬한 방향으로 이자벨을 올리고, 그 위에 파프리카, 게맛살, 무순, 꼬들단무지를 얹는다.

김으로 채소들을 감싸 원뿔 모양이 되도록 살살 만다.

김 끝부분에 물을 아주 살짝 묻혀 꽃다발을 고정한다.

1~3번 과정을 반복해 총 2개를 만든다. 2개를 붙여서 같이 플레이팅하면 더 풍성한 꽃다발이 된다. 꽃다발 위에 커터로 찍은 채소들을 핀셋으로 올려 장식한다.

요정들의 **버섯전골**

인적이 드문 어느 버섯 숲 깊은 곳, 신성한 요정들이 숲을 지키며 살고 있습니다. 요정들이 잘 때 몰래 따 온 버섯들로 오늘 버섯전골 파티를 즐겨 봅시다! 다양한 버섯을 곳곳에 꽂아 숲의 느낌을 살려 주는 것이 포인트!

Ingredient

모둠 버섯_ 1팩
팽이버섯_ 1팩
무_ 1/3개
김_ 1조각
오크라_ 1개

[양념]
고춧가루_ 2큰술
고추장_ 1큰술
멸치액젓(또는 까나리액젓)_ 2큰술

Tool

핀셋
가위

Preparation

* 버섯을 씻어 물기를 뺀다.
* 무를 갈아 체에 밭쳐 물기를 뺀다.
* 김을 가위로 잘라 요정들의 눈과 입을 만든다.
* 양념 재료를 한데 잘 섞는다.

How to make

버섯을 냄비에 가득 꽂는다.

갈아 둔 무를 작고 동그랗게 뭉쳐서 요정의 몸통을 만들고, 버섯 위에 듬성듬성 올린다.

갈아 둔 무를 몸통보다 좀 더 작은 크기로 뭉쳐서 머리를 만들고, 몸통 위에 살짝 얹는다.

요정 얼굴에 핀셋으로 눈과 입을 살짝 붙인다.

오크라를 송송 썰어 여기저 기 장식한다.

6

양념장을 넣고 육수나 물을 부어 팔팔 끓여 먹는다.

tip 남은 국물에 달걀과 참기름을 넣고 밥을 볶아도 맛있어요.

07

청경채 생선 볶음

어부도 샘낼 청경채 생선 볶음을 소개합니다! 아삭아삭한 식감이 일품인 청경채를 물고기로 변신시켜 볶음 요리 만드는 방법을 알려 드릴게요. 짭조름한 양념을 더해서 가볍게 즐겨 보세요.

 Ingredient

청경채_ 3~4포기

마늘_ 3쪽

청주_ 2큰술

간장_ 1큰술

굴소스_ 1큰술

오일_ 1큰술

통후추_ 약간

소금_ 약간

How to make

청경채 밑동을 V 모양으로
잘라 물고기의 입을 표현한다.

입 위에 통후추를 박아 눈을
만든다.

청경채 속에서 작은 잎을 꺼내 지느러미처럼 만든다.

끓는 물에 소금을 넣고 청경채를 20초 정도 넣었다 뺀 다음, 찬물로 헹구고 물기를 짠다.

달군 팬에 오일과 마늘을 넣고 향을 내다가 청경채를 넣고 볶는다.

간장과 청주, 굴소스를 넣고 센 불에서 후다닥 볶으면 완성!

08

꿈나라로 간 곰돌이 전골

배춧잎에 여러 가지 재료들을 돌돌 말아 육수를 넣고 끓이는 배추말이전골입니다. 다른 전골과 다른 특별한 매력이 있다면, 바로 깜찍한 곰돌이가 전골 위에서 이불을 덮고 쿨쿨 잠을 자고 있다는 점이겠지요?

Ingredient

소고기(불고기용)_ 200g
알배기 배추_ 1포기
빨간 파프리카_ 1/2개
노란 파프리카_ 1/2개
당근_ 1/3개
부추_ 1줌
팽이버섯_ 1줌
무_ 1/3개
블랙 올리브_ 1알
검은깨_ 약간

Tool

핀셋

Preparation

* 소시지는 취향껏 추가하거나 생략한다.
* 채소들은 씻어서 비슷한 길이로 채썰기한다.
* 배춧잎은 1장씩 씻어서 찌거나 데친 후 물기를 뺀다.
* 무를 갈아서 체에 밭치고 물기를 뺀다.

How to make

데쳐서 물기를 뺀 배춧잎 위에 파프리카를 놓고 돌돌 말아 올린다.

tip 당근, 부추, 팽이버섯 등 나머지 속 재료도 같은 방법으로 만들어요.

말아 둔 재료들을 모두 반으로 자른다.

전골냄비에 반으로 자른 배추 말이들을 차곡차곡 빈틈없이 넣는다.

무를 적당량 덜어 손으로 살짝 짜고, 동글동글하게 곰돌이의 머리를 만들어 조심히 전골 위에 올린다.

무를 조금씩 덜어 동그란 귀와 코를 만들고 머리에 살짝 붙인다.

무를 적당량 덜어서 몸통을 만들고 머리 아래에 비스듬히 붙인다.

tip 몸통의 모양은 대충 만들어요.

고기 한 점을 살짝 펼쳐서 이불처럼 덮는다.

무를 작고 동그랗게 뭉치고, 고기 이불 바깥으로 튀어나온 손발처럼 붙인다.

검은깨로 눈을, 동그랗게 자른 올리브로 코를 만들어 붙인다.

tip 육수나 물을 자작하게 부어서 끓여 먹어요!

09

애호박 보트 구이

고소한 치즈와 짭조름한 올리브, 상큼한 방울토마토까지. 맛있는 것을 잔뜩 싣고 출발하는 애호박 보트입니다. 노릇노릇하게 구워서 풍미가 더욱 진한 이 애호박 보트에 탑승해 보실래요?

Ingredient

애호박_ 1개
방울토마토_ 8개
메추리알_ 6개
올리브_ 4알
모차렐라 치즈_ 1/2공기
체다치즈_ 1/3공기
오크라_ 1개
소금_ 약간
후추_ 약간

Preparation

* 메추리알을 삶아서 껍질을 깐다.

* 오크라를 송송 썬다.

* 오븐을 180도로 예열한다.

* 애호박을 길게 반으로 잘라 숟가락으로 속을 파낸다.

* 방울토마토를 씻어서 물기를 말린다.

How to make

애호박 속에 모차렐라 치즈를 적당히 뿌린다.

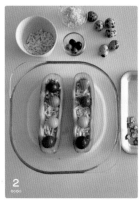

치즈 위에 방울토마토를 4개씩 얹는다.

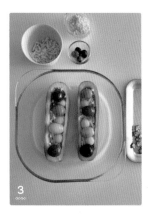

메추리알을 방울토마토 사이사이에 놓는다.

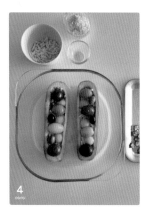

빈틈에 올리브를 얹는다.

체다치즈를 뿌린다.

오크라를 듬성듬성 올린다.

180도 예열한 오븐에 20분 정도 굽는다. 소금과 후추를 살짝 뿌리면 완성!

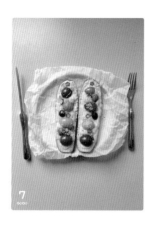

애호박의 껍질을 좀 더 많이 남겨서 속을 파면 이렇게 귀여운 신발 모양도 만들 수 있어요. 다양 하게 도전해 보세요!

tip 애호박으로 만든 리본은 파스타 면으로 고정하면 돼요

10

냉털 채소찜

냉장고에 남은 채소들을 탈탈 털어서 먹을 수 있는 요리입니다. 냉장고에서 할 일 없이 자리만 차지하고 있는 채소들이 있다면 이번 기회에 모두 꺼내 보세요. 소시지와 함께 찌면 포만감은 물론이고 와인 안주로도 아주 좋아요.

Ingredient

감자_ 2개
미니 단호박_ 1개
양송이버섯_ 5개
당근_ 1/3개
연근_ 1/3개
소시지_ 4개
그린빈_ 1줌
방울 양배추_ 5개
그린 올리브_ 1줌
물_ 1컵
올리브유_ 1큰술
소금_ 약간
후추_ 약간

[곁들임 소스]
홀그레인 머스터드
크림치즈

Tool

주물 냄비나 밑이 두꺼운 냄비

Preparation

* 모든 채소를 씻어서 물기를 뺀다.

How to make

채소를 모두 큼직큼직하게 대충 썬다.

손질한 채소를 냄비에 넣고 물 1컵과 올리브
유 1큰술을 넣는다.

소금과 후추를 뿌려 마무리 양념을 한다. 타지 않도록 물을 조금씩 보충하며 중불에서 30분 정도 찐다.

완성 후 홀그레인 머스터드와 크림치즈를 곁들여, 포크와 나이프로 썰어 먹는다.

11

잭 오 랜턴 파프리카구이

으스스한 표정의 잭 오 랜턴을 파프리카로 만들어 봤어요. 파프리카의 표정을 서로 다르게 만들면 더욱 익살스럽고 귀여워요. 치즈와 함께 다양한 속 재료가 들어가니 맛도 좋습니다.

Ingredient

빨간 파프리카_ 1개
노란 파프리카_ 1개
아보카도_ 1/2개
방울토마토_ 6개
아스파라거스_ 2줄기
체다치즈_ 1줌
메추리알_ 6개
슬라이스 치즈_ 1장

Tool

별 모양 플런저 커터

Preparation

* 메추리알을 삶아서 껍질을 깐다.

* 아스파라거스와 아보카도를 작게 자른다.

* 슬라이스 치즈를 작게 찢거나 커터로 찍어서 준비한다.

* 오븐을 180도로 예열한다.

How to make

파프리카 한쪽을 칼로 깔끔
하게 자른다.

파프리카의 속을 깨끗이 파
낸다.

잘라낸 파프리카 조각에 칼
로 표정을 만든다.

tip 손을 다치지 않게 조심하세요.

깨끗하게 파낸 파프리카 안에 속 재료를 자유롭게 넣는다.

마무리로 체다치즈를 뿌린다.

잘라 낸 파프리카 조각을 덮고, 180도로 예열한 오븐에 넣어 20분 정도 굽는다.

tip 소금과 후추를 뿌려 먹어도 좋아요

12

부케 나베

매번 밀푀유나베만 만들어 먹었다면, 이번에는 만들기 쉽고 맛도 좋은 부케 나베 어떨까요? 오늘 하루 수고한 내 몸에 꽃다발을 한 아름 선물하세요! 손님을 대접하기에도 아주 근사하답니다.

 Ingredient

소고기(불고기용)_ 200g
청경채_ 4~5포기
팽이버섯_ 1팩
당근_ 1개
무_ 1/3개

Preparation

* 채소를 깨끗하게 씻어 물기를 말린다.

* 당근과 무는 필러로 얇고 길게 밀어서 준비한다.

* 청경채는 밑동을 잘라서 잎과 밑동 부분을 따로 준비한다.

How to make

필러로 얇게 민 당근을 2~3 줄 도마에 겹쳐서 놓고, 돌돌 말아 올려 꽃 모양을 만든다.

무도 1번과 같은 방법으로 말아 올려 꽃 모양을 만든다.

소고기를 펼쳐서 반으로 길게 접은 뒤, 돌돌 말아 꽃 모양을 만든다.

How to make

청경채잎을 냄비 바닥에 깐다.

소고기 꽃을 듬성듬성 올리고, 소고기 꽃 사이 사이에 당근 꽃을 넣는다.

tip 당근으로 만든 꽃은 옆으로 잘 풀리기 때문에 고기 사이에 넣어 고정하는 것이 좋아요

무로 만든 꽃을 올리고, 청경채 밑동 부분을 겹쳐서 꽃 모양으로 만든 다음 빈 곳에 채워 넣는다.

tip 청경채 밑동을 거꾸로 놓으면 더 자연스러운 꽃 모양을 만들 수 있어요.

팽이버섯을 곳곳에 꽂아 안개꽃을 표현한다.

tip 육수나 물을 자작하게 부어서 끓여 먹어요.

PART
04
—
색다르고
간단하게

한 끼
빵과 면

01

색동 냉라면

여기 고운 색동 옷을 입고 멋을 잔뜩 낸 라면이 있습니다. 어? 이 녀석 알고 보니 멋만 부린 것이 아니라 건강까지 챙긴 실속 있는 라면이었군요! 무더운 여름, 시원하고 맛난 육수를 부어 색동 냉라면 한 사발 어떠세요?

Ingredient

라면_ 1개
햄(샌드위치용)_ 3장
달걀_ 1개
오이_ 1/2개
완숙 토마토_ 1/2개
대파_ 1조각

[육수]
라면수프_ 1개
간장_ 2큰술
식초_ 2큰술
설탕_ 2큰술
물_ 1컵

Preparation

* 달걀지단을 만들어 잘게 채썰기한다.

* 오이를 돌려 깎아 채썰기한다.

* 토마토는 속을 파내고 채썰기한다.

* 샌드위치용 햄을 채썰기한다.

* 대파 한 조각을 송송 썬다.

* 육수 재료를 잘 섞어 냉장고에 넣는다.

* 라면을 꼬들꼬들하게 삶는다.

How to make

삶은 라면을 접시에 통통하고 긴 모양으로 놓는다.

라면 끝부분에 오이를 올리고 옆에 지단을 놓는다.

지단 옆에 토마토와 햄을 순서대로 올린다.

햄 옆에 다시 지단을 놓고 그 옆에 오이를 놓는다.

송송 썬 대파를 접시 여기저기 올려 꾸민다.

냉장고에 넣어 둔 차가운 육수를 부어 먹는다.

02

네 가지 맛 **토스트**

한 장의 식빵 위에 귀여운 재료들이 올망졸망하게 올라간 재밌는 토스트입니다. 어리숙한 표정의 곰돌이와 함께 네 가지 맛을 다양하게 즐길 수 있어 누구나 좋아할 귀여운 간식이에요.

Ingredient

식빵_ 1장
큰 마시멜로_ 2개
작은 마시멜로_ 6개
메추리알_ 1개
완두콩_ 5알
크림치즈_ 1/2큰술
슬라이스 치즈_ 1장
블랙 올리브_ 1알
초록색 잎_ 약간
검은깨_ 약간

Preparation

* 메추리알을 프라이한다.

* 크림치즈를 삼각형 모양으로 만들고, 사각형으로 자른 올리브 조각을 붙여 삼각김밥 모양을 만든다.

* 완두콩을 삶는다.

* 큰 마시멜로 1개에 작은 마시멜로 3개를 붙여 곰돌이의 얼굴을 만든다. 그 위에 검은깨로 눈과 코를 붙인다.

* 슬라이스 치즈를 식빵의 1/4 크기로 자른다.

How to make

식빵에 십자로 칼집을 내고 한쪽 면에 슬라이스 치즈 조각을 올린다. 그 위에 완두콩을 올리고 올리브로 꼬랑지를 만들어 네잎클로버를 표현한다.

다른 면에 초록색 잎을 올리고 메추리알프라이를 올린다.

tip 케첩이나 스리라차소스로 꾸며도 좋아요

또 다른 면에 곰돌이 얼굴을 올린다.

마지막 면에 삼각김밥 모양의 크림치즈를 올린다.

03

구운 **채소샌드위치**

구운 채소를 잔뜩 넣고 아스파라거스로 주렁주렁하게 꾸민 외계 생명체의 등장! 우악스럽고 괴상한 모양새에 비해 맛은 아주 훌륭한 샌드위치랍니다. 노릇하게 구운 채소 덕분에 풍미가 더욱 진해요.

 Ingredient

작은 바게트_ 1개
가지_ 1/4개
애호박_ 1/4개
방울토마토_ 4개
아스파라거스_ 6줄기
큐브형 치즈_ 3개
발사믹 크림_ 약간
올리브유_ 약간
소금_ 약간
후추_ 약간

Preparation

* 애호박과 가지를 1cm 두께로 자른다.

* 아스파라거스를 반으로 자른다.

How to make

올리브유를 두른 팬에 손질한 채소를 모두 노릇노릇하게 굽는다.

바게트를 반으로 가른다.

아스파라거스의 머리 부분을 빵 위에 듬성듬성 올린다.

아스파라거스 위에 애호박을 올린다.

애호박 사이사이에 가지를 올리고, 아스파라거스의 줄기 부분을 바게트 안쪽에 놓는다.

6

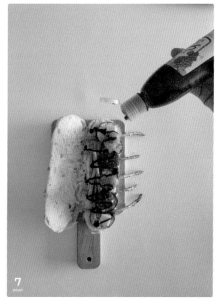

7

치즈를 군데군데 올린다.

방울토마토를 올리고 소금과 후추를 뿌린다.
맨 위에 발사믹 크림을 취향껏 뿌려서 마무리
한다.

04

쌍둥이 **말티즈 국수**

애교가 넘치는 국민 강아지, 말티즈를 국수로 만들어 봤어요. 미용을 막 끝내고 미모를 뽐내는 말티즈의 모습이 상상되지 않나요? 가위로 국수 길이를 다듬을 때는 실제 털을 잘라주듯이 조심조심하는 것, 잊지 마세요!

Ingredient

국수 면_ 1인분
파프리카(빨강, 주황)_ 각 1조각
블랙 올리브_ 1알
검은깨_ 약간

Tool

핀셋
가위
긴 젓가락

Preparation

* 국수를 삶아 채반 위에 올린다.

* 파프리카를 리본 모양으로 자르고, 올리브를 둥글게 베어 코를 만든다.

How to make

젓가락에 적당한 양의 국수를 돌돌 만다.

젓가락에 말린 국수를 조심히 밀어서 뺀 다음 접시 위에 놓는다.

tip 몸통 부분이 될 거예요

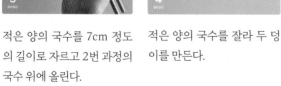

적은 양의 국수를 7cm 정도의 길이로 자르고 2번 과정의 국수 위에 올린다.

적은 양의 국수를 잘라 두 덩이를 만든다.

tip 강아지의 털을 표현해요.

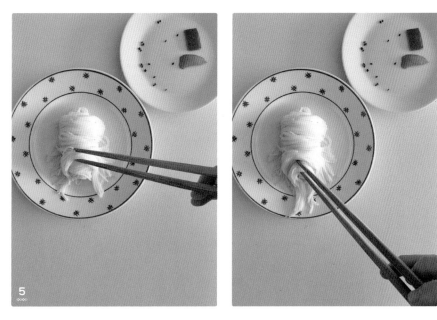

5

4번 과정의 국수를 강아지 몸통 앞쪽에 자연스럽게 얹어 머리를 표현한다.

강아지 얼굴에 검은깨로 눈을, 올리브로 코를 만들어 붙인다.

파프리카로 만든 리본을 올려 마무리한다.

털을 자르듯이 국수를 살짝 다듬는다.

빈티지 꽃무늬 토스트

그냥 먹어도 좋지만, 기왕이면 예쁘게 만들어 먹어요. 평범한 햄치즈토스트에 약간의 정성을 들이면 빈티지한 꽃무늬 토스트를 만들 수 있습니다. 만드는 방법이 아주 간단한 것치고는 꽤 분위기 있어 보이죠?

Ingredient

식빵_ 1장
슬라이스 치즈_ 1장
햄(샌드위치용)_ 1장
차빌_ 1줄기

Tool

핀셋

Preparation

* 샌드위치용 햄을 아주 잘게 다진다.

* 치즈를 상온에 둔다.

* 씻어서 말린 차빌의 예쁜 잎사귀를 여러 장 뜯는다.

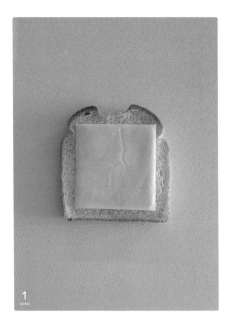

식빵 가운데에 치즈를 올린다.

차빌 잎사귀를 치즈 위에 여기저기 올리고, 그 위에 다진 햄을 꽃 모양으로 뭉쳐서 놓는다.

아삭아삭 **채소샌드위치**

아삭아삭한 채소로 만든 알록달록한 샌드위치입니다. 모양 커터를 사용해서 다양한 색깔의 채소를 깜찍하게 장식해 보세요. 완두콩을 활용하면 허전한 공간을 채울 수 있어 더 멋들어진 데코가 완성돼요.

Ingredient

식빵_ 3장
비트_ 1/5개
완두콩_ 1줌
당근_ 1/3개
래디시_ 2개
감자_ 1/2개
크림치즈_ 4큰술
슈거 파우더_ 1큰술
비트 물_ 약간

Tool

꽃 모양 커터 / 플런저 커터
스패츌러(또는 숟가락)

Preparation

* 완두콩과 래디시를 제외한 채소들을 0.5cm 두께로 잘라 커터로 찍는다.

* 끓는 물에 소금을 조금 넣고, 래디시와 비트를 제외한 모든 채소를 익힌다.

* 래디시는 슬라이스하고, 비트는 색이 배어 나오므로 단독으로 익힌다.

How to make

식빵을 가위로 잘라 다양한
모양을 만든다.

크림치즈에 슈거 파우더를 넣
고 잘 섞는다.

크림치즈의 절반을 덜어, 비트 물을 조금 섞고 원하는 색으로
만든다.

식빵 위에 크림치즈를 바른다.

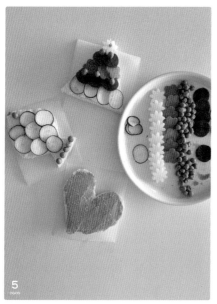

준비한 채소를 크림치즈 위에 올려 예쁘게 꾸민다.

07

제로 웨이스트 **토스트**

베이컨을 덮고 편안한 표정으로 누운 달걀프라이의 표정 좀 보세요. 포크와 나이프, 접시까지 몽땅 먹을 수 있게 만든 귀여운 제로 웨이스트 토스트랍니다. 야무지게 마지막 한 입까지 즐길 수 있어요.

 Ingredient

식빵_ 2장(1장은 맨 끝부분)
달걀_ 1개
베이컨_ 2장
슬라이스 치즈_ 1장
루꼴라_ 약간
국수 면_ 1줄
실고추_ 1줄
검은깨_ 약간

Tool

가위
굵은 빨대

 Preparation

* 반숙으로 달걀프라이를 만들어 검은깨로 눈을, 실고추로 입을 만든다.

* 달걀프라이한 팬에 베이컨을 굽는다.

* 식빵 맨 끝부분을 포크와 나이프 모양으로 자른다.

How to make

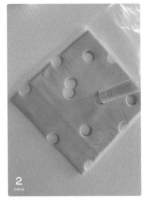

국수 면 1줄을 1/4조각으로 잘라 포크와 손잡이 부분을 연결한다.

tip 나이프도 같은 방법으로 연결해요.

굵은 빨대로 치즈를 눌러 구멍을 송송 뚫는다.

tip 톰과 제리에 나오는 치즈 모양을 표현했어요.

식빵 위에 치즈를 얹는다.

치즈 위에 달걀프라이를 얹고, 베이컨 이불을 덮는다.

토스트 둘레를 루꼴라로 장식한다.

빵으로 만든 포크와 나이프로 노른자를 터뜨려 먹는다.

08

라푼젤 **파스타**

간단한 재료로 만드는 라푼젤 파스타! 이게 뭐냐며 반박하고 싶다가도, 풍성하고 탐스러운 긴 머리카락과 익살스러운 표정이 묘하게 라푼젤을 닮은 소시지를 보면 헛웃음이 터질지도 몰라요!

 Ingredient

스파게티 면_ 1인분
비엔나소시지_ 10개
마늘_ 5쪽
올리브유_ 1큰술
소금_ 1작은술
올리브유_ 약간
페페론치노_ 약간
후추_ 약간
검은깨_ 약간

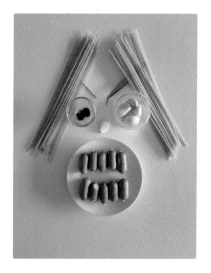

Tool

이쑤시개

Preparation

* 마늘을 잘게 다진다.

How to make

소시지에 이쑤시개로 눈구멍을 낸다.

눈구멍에 검은깨를 넣는다.

칼로 소시지를 살짝 그어 입을 만든다.

칼로 소시지 양옆을 살짝 잘라 팔을 만든다.

스파게티 면을 반으로 자른다.

손질한 소시지 머리에 스파게티 면을 꽂아 머리카락을 만든다.

끓는 물에 소금 1작은술을 넣고, 소시지를 넣어 8분 정도 삶는다.

tip 라푼젤이 완성됐어요!

달군 팬에 올리브유를 두르고 다진 마늘을 볶는다.

그 위에 라푼젤을 투하하고 잘 볶는다.

후추와 페페론치노를 뿌려 마무리한다.

09

과일 액자 **샌드위치**

싱그러운 과일을 모아 납작하게 만든 과일 액자 샌드위치입니다. 식빵에 크림치즈를 발라
달콤한 과일을 올리고 꿀로 마무리하면, 단짠단짠한 세상 행복이 바로 여기 있습니다.

Ingredient

> **식빵_** 1장
> **무화과_** 2개
> **용과_** 1개
> **블루베리_** 1줌
> **방울토마토_** 2~3개
> **청포도_** 3~4알
> **크림치즈_** 1큰술

Tool

> 랩
> 작은 도마
> 납작한 접시

Preparation

* 포도알을 반으로 자르고, 그 두께를 기준으로 다른 과일도 자른다.

* 식빵의 테두리를 자른다.

How to make

빵에 크림치즈를 골고루 바른다.

작은 도마에 랩을 깔고, 과일의 예쁜 앞부분이
바닥을 향하게 옹기종기 놓는다.

과일 위에 크림치즈 바른 식빵을 올리고 삐져
나온 과일을 테두리에 맞게 자른다.

그 위에 접시를 올리고 도마와 같이 빠르게 휙 뒤집는다.

조심조심 랩을 벗긴다.

tip 여기에 꿀을 뿌리면 영롱 보스로 완성!

10

큐티 뽀짝 비숑 국수

곱슬곱슬한 흰 털과 명랑하고 쾌활한 성격이 사랑스러운 비숑 프리제의 얼굴을 국수로 만들었어요. 국수는 강아지를 표현하기 좋은 재료입니다. 여기서 면을 살짝 잘라서 다듬으면 말티즈를, 메밀국수를 사용하면 갈색 털도 표현할 수 있어요.

Ingredient

국수 면_ 1인분
빨간 파프리카_ 1조각
대파_ 1조각
블랙 올리브_ 1~2알

Preparation

* 국수를 삶아 채반 위에 올린다.

* 대파를 송송 썬다.

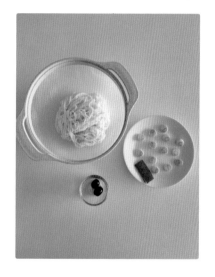

How to make

국수의 1/2 정도를 손가락에 둘둘 말아 동그란 비숑의 두상을 만들고 그릇에 놓는다.

남은 국수의 2/3 정도를 길게 반으로 접고, 반대쪽도 접어 비숑의 두상에 살짝 둥글게 얹는다.

tip 비숑의 풍성한 머리털을 표현할 수 있어요.

남은 국수로 2번 과정을 반복
하고, 비숑의 얼굴 아래쪽에
둥글게 얹는다.

tip 비숑의 주둥이가 돼요

올리브 끝에 있는 십자 모양
부분을 잘라 코를 만든다.

남은 올리브를 칼로 둥글게
베어 눈을 만든다.

파프리카를 리본 모양으로
자른다.

올리브로 만든 눈과 코를 올
린다.

파프리카를 비숑 머리 위에
올리고, 송송 썬 대파를 그릇
에 붙여 데코한다.

신상 **가방 정식**

통장 잔고는 없는데 괜히 가방 하나 사고 싶은 날, 가방 정식을 한번 만들어 보세요. 허기가 지면 없던 물욕도 생긴다는 사실! 베이컨으로 만든 보테가 베네타 뺨치는 핸드백 정식을 만들어 먹으면 물욕이 점점 사라지고 배가 불러오는 것을 느낄 수 있을 거예요.

 Ingredient

베이컨_ 8장
달걀_ 1개
바게트_ 1~3조각(식빵으로 대체 가능)

 Tool

도마

How to make

도마 위에 베이컨 2장을 일정한 간격을 두고 세로로 놓는다.

상단에 베이컨 1장을 가로로 놓는다.

가운데에 베이컨 1장을 다시 세로로 놓는다.

1번 과정의 베이컨 2장을 위로 접어 올린다.

바로 아래에 베이컨 1장을 다시 가로로 놓는다.

4번 과정에서 접어 올린 베이컨 2장을 다시 내린다.

가로세로 놓기를 반복하여
베이컨을 모두 엮는다.

엮어둔 베이컨을 반으로 자르고 자투리 부분을 정리한다.

베이컨 1장을 가늘게 잘라 가
방끈을 만든다.

기름을 두른 팬에 달걀프라
이를 하고, 베이컨 가방과 빵
을 동시에 굽는다.

하트 브루스케타

브루스케타는 납작하게 잘라서 구운 빵 위에 여러 재료를 얹어 먹는 이탈리아의 요리예요.
집에 있을 만한 재료를 사용해서 거창하진 않지만 예쁘고 맛있는 브루스케타를 만들어 보
세요. 쉬운 레시피는 덤입니다.

Ingredient

식빵_ 3장
방울토마토_ 8~10개(큰 토마토 1개로 대체 가능)
바질잎_ 5장
양파_ 1/6개
마늘_ 1쪽
크림치즈_ 6작은술
레몬즙_ 1작은술
소금_ 1작은술
후추_ 약간

Tool

가위

How to make

가위로 식빵을 반으로 자른 다음, 하트 모양으로 오린다.

tip 식빵 1장으로 하트 2개를 만들 수 있어요.

하트 모양으로 오린 식빵을 오일 두른 팬에 노릇노릇하게 굽는다.

양파와 마늘, 방울토마토, 바질잎을 잘게 다진다.

4

다진 재료를 한데 모아 소금, 후추, 레몬즙을 넣고 섞는다.

5

6

구운 하트 식빵에 크림치즈를 1작은술씩 골
고루 바른다.

크림치즈 위에 4번 과정에서 섞어둔 재료를
하트 모양으로 올린다.

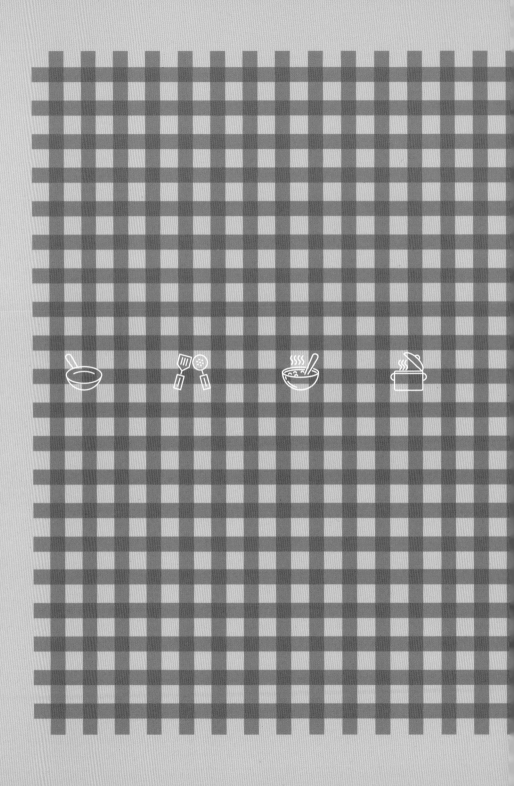

PART
05
—
예쁘고 가볍게

한끼
디저트

01

꿀벌과 데이지

조금만 공을 들이면 평범한 달걀프라이가 예쁜 꽃으로 변신할 수 있어요. 방울토마토와 올리브, 모차렐라 치즈를 곁들이면 맛도 꽤 좋아요. 잠깐, 어디서 꿀벌이 윙윙거리는 소리가 들리는 것 같지 않나요?

Ingredient

루꼴라(또는 초록 잎 샐러드)_ 1줌

미니 모차렐라 치즈_ 2~3개

달걀_ 2개

주황색(또는 노란색) 방울토마토_ 4개

블랙 올리브_ 4~5알

올리브유_ 약간

후추_ 약간

Tool

거품기

숟가락

Preparation

* 달걀흰자와 노른자를 분리한다.

* 샐러드 채소를 깨끗이 씻는다.

How to make

분리한 흰자를 오목한 그릇에 담고 거품기로 계속 휘저어 거품을 만든다.

달군 팬에 오일을 살짝 두르고 약불로 줄인 뒤, 흰자 거품을 숟가락으로 떠서 데이지 꽃 모양을 만든다.

분리해 둔 노른자를 터지지 않게 데이지 가운데에 살포시 올린다.

방울토마토와 블랙 올리브를 각각 반으로 자르고 1cm 간격으로 썬다.

서로 교차하여 꿀벌의 몸통을 만든다.

미니 모차렐라 치즈를 반으로 자르고, 자른 조 각을 다시 반으로 자른다.

자른 치즈를 꿀벌 몸통에 날개처럼 붙인다.

접시에 데이지꽃을 담고 초 록색 잎으로 데코한다.

빈 곳에 꿀벌을 올리고 올리브유와 후추로 마무리한다.

02

연어 꽃 크래커

보기에도 좋고 맛도 좋지만, 손쉽게 손으로 들고 간편하게 먹을 수 있어서 파티에 제격인 연어 꽃 크래커입니다. 연어로 만든 꽃이 핀 정도를 살짝 다르게 해서 여러 개 만들어 보세요. 취향에 따라 다양하게 장식해도 예뻐요.

Ingredient

훈제 연어 슬라이스_ 4장
아보카도_ 1/2개
크래커_ 4조각
크림치즈_ 4작은술
딜_ 약간

Tool

티스푼
핀셋

Preparation

* 아보카도를 가로 1cm 두께로 자른다.

How to make

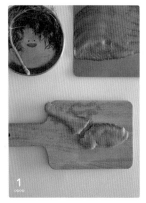  

훈제 연어 슬라이스 1장을 반으로 자른다.

얇고 좁은 부분을 끝에서부터 돌돌 만다.

두꺼운 부분을 반으로 접고, 2번에서 말아 놓은 연어에 둘러 꽃 모양을 만든다.

윗부분을 살짝 뒤집어 피어
난 꽃봉오리 느낌을 만든다.

크래커에 크림치즈 1작은술
을 바른다.

크림치즈 위에 아보카도 2조
각을 올린다.

그 위에 연어 꽃 한 송이를 올
린다.

꽃 주변을 딜로 장식한다.

취향껏 케이퍼나 허브 꽃으
로 장식을 더한다.

03

핑크 요거트

평범한 요거트에 비트 물을 섞고 과일을 곁들이면 분홍색의 새콤달콤한 요거트가 완성됩니다. 도화지에 그림을 그리듯이 요거트에 이쑤시개로 그림을 그릴 수 있어서, 아이들과 함께하면 더욱 좋아요.

Ingredient

플레인 요거트_ 2개
그린 키위_ 1개
비트 물_ 1/2컵
애플 민트_ 약간

Tool

핀 또는 이쑤시개

Preparation

* 키위는 껍질을 벗겨 슬라이스한다.

* 작은 그릇 3개에 요거트 1/2개를 각각 나
  누어 담고, 비트 물을 섞어서 총 3가지 색으로 만든다.

  tip 비트 물을 많이 섞은 진분홍색, 비트 물을 살짝 섞은 연분홍색, 비트 물을 섞지 않은 흰색으로 준비한다.

How to make

그릇에 한 개 반 분량의 요거트를 담고, 원하는 분홍색이 나올 때까지 비트 물을 섞는다.

넓은 그릇에 핑크 요거트를 옮겨 담은 후 키위를 얹는다.

키위 사이사이에 티스푼으로 흰 요거트를 한 방울씩 떨어뜨린다.

그 위에 진분홍색 요거트를 올리고, 그 위에 흰색 요거트와 연분홍색 요거트를 차례로 올린다.

이쑤시개를 이용해 가운데에서 밖으로 퍼트리면 무늬가 생긴다.

도화지에 물감으로 그림을 그리듯 자유롭게 꾸며서 완성한다.

04

펭귄 군단

치열한 전투 끝에 승리를 거둔 펭귄 군단의 늠름한 모습을 감상해 보세요. 가슴이 웅장해지는 느낌! 펭귄이 여러 마리라서 복잡해 보이지만, 생각보다 만들기 굉장히 쉬워요. 올리브와 치즈로 만들어서 안주로도 아주 그만이에요.

Ingredient

미니 모차렐라 치즈_ 7개
식빵_ 3장
오이_ 1/2개
당근_ 1/4개
블랙 올리브_ 14알
크림치즈_ 2큰술
마요네즈_ 1작은술
소금_ 약간
후추_ 약간

Tool

가위
필러
이쑤시개 7개

How to make

오이 1/2개를 씨를 제외하고
필러로 민다. 소금을 조금 뿌
리고 10분 정도 방치 후 물기
를 꼭 짠다.

빙판 모양을 상상하여 식빵
을 다양한 크기로 자른다.

tip 커다란 조각 2개는 최대한 같
은 크기와 모양으로 잘라요

빵에 마요네즈를 바른다.

절인 오이를 올린다.

식빵 뚜껑을 덮는다.

눈이 덮인 질감 느낌이 나도
록 크림치즈를 러프하게 바
른다.

작은 식빵 조각을 올리고 크림치즈로 덮어 입체감을 표현한다.

당근을 0.5cm 두께로 슬라이스하고, 가위로 잘라 펭귄 발과 부리를 만든다.

올리브를 반으로 가르고 미니 모차렐라 치즈를 넣어 몸통을 만든다.

How to make

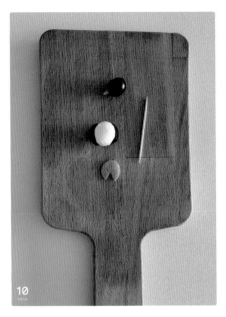

올리브의 십자 무늬에 당근으로 만든 부리를
꽂아 펭귄 머리를 만든다.

바닥에 당근발을 놓고 위에 펭귄 몸통과 펭귄
머리를 올린다. 이쑤시개로 정중앙을 관통하
여 몸을 연결한다.

만들어 놓은 빙판에 펭귄을 여기저기 올리면 완성!

05

바나나오트밀쿠키

노 버터, 노 밀가루의 건강하고 맛 좋은 쿠키입니다. 수많은 곰돌이 중에 단 하나만 존재하는 왕눈이 곰돌이를 찾으면 행운이 온다는 전설이 있습니다. 우리 같이 찾아볼까요?

Ingredient

오트밀_ 2컵
잘 익은 바나나_ 1개
시나몬 가루_ 1작은술
베이킹용 초코칩_ 약간
꿀_ 약간(생략 가능)

Preparation

* 바나나를 거품기나 포크로 으깨서 죽처럼 만든다.
* 오븐을 180도로 예열한다.
* 오븐 팬에 종이 포일을 깐다.

How to make

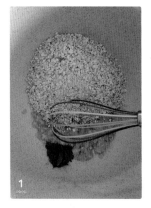

으깬 바나나에 오트밀과 시나몬을 넣고 잘 섞어 하나의 반죽으로 만든다.

반죽을 동글동글하게 적당한 크기로 소분한다.

소분한 반죽을 납작하고 동그랗게 만든 후 오븐 팬에 올린다.

tip 반죽의 두께가 1cm를 넘지 않도록 주의해요.

소량의 반죽으로 둥글납작한 귀를 만들어 얼굴에 붙인다.

4번 과정과 같은 방법으로 주둥이를 만들어 얼굴에 붙인다.

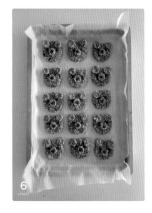

초코칩으로 눈과 코를 붙인다.

180도 예열한 오븐에 넣고 20분 굽는다.

tip 갓 나온 쿠키에 작은 마시멜로를 반으로 잘라 눈 부분에 붙이고, 그 위에 초코칩을
꾹 누르면 왕눈이 곰돌이 쿠키 완성!

06

주방장 특선 초밥

어서 오세요, 손님! 오늘 재료들의 물이 아주 좋습니다! 최상급의 상큼한 과일로 만든 시바 주방장의 특선 초밥 맛 좀 보세요. 눈으로 한 입, 입으로 한 입. 두 번이나 즐길 수 있답니다.

Ingredient

식빵_ 1장
오렌지_ 1/2개
방울토마토_ 4개
키위_ 1/2개
김_ 1/2장
크림치즈_ 1큰술

Tool

가위

Preparation

* 김을 약 10cm 길이로 자른다.
* 오렌지와 키위의 껍질을 깐다.
* 빵을 초밥 모양으로 자른다.

How to make

오렌지에 칼집을 내어 조각
을 꺼내고, 남은 껍질을 제거
한다.

손질한 오렌지를 끊어지지 않게 조심히 반으로 가르고 펼친다.

키위를 반으로 가르고, 다시
한 번 반을 가른다.

키위를 0.5cm 두께로 슬라이
스한다.

 끊어지지 않게 조심해요!

방울토마토의 끄트머리를 살
짝 자르고 반을 가른다.

손질을 마친 재료를 모두 준비한다.

빵에 크림치즈를 바른다.

tip 크림치즈에 식용 색소를 넣어 와사비처럼 만들어도 좋아요.

오렌지를 얹는다.

오렌지와 빵을 김으로 둘러 마무리한다.

빵 위에 크림치즈를 바른 뒤 다른 과일들도 재미나게 올린다.

예쁘게 플레이팅하고 먹는다.

게맛살 **랍스터 샐러드**

냉장고 있던 게맛살로 아주 쉽게 만들 수 있는 랍스터 샐러드입니다. 꽤 근사해 보이지 않나요? 비싼 랍스터의 순살이라고 생각하고 포크와 나이프로 먹으면 더 맛있게 느껴질걸요?

 Ingredient

게맛살_ 4개
레몬_ 1개
이자벨_ 1줌
통후추_ 2알
실고추_ 2줄

[샐러드 소스]
마요네즈_ 1큰술
연유_ 1큰술
레몬즙_ 1큰술

How to make

게맛살 2개를 랍스터의 집게
발처럼 칼로 자른다.

게맛살 하나를 송송 썰어 랍
스터의 머리와 몸통을 표현
한다.

나머지 게맛살 하나를 송송
썰어 랍스터의 꼬리를 표현
한다.

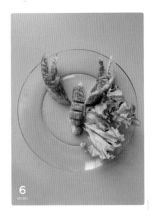

접시에 이자벨을 깐다.

이자벨 위에 랍스터 머리와
몸통을 놓는다.

머리 옆에 집게발을 놓는다.

7

8

9

몸통 끝에 꼬리를 부채처럼 펼친다.

머리에 통후추 눈을 올린다.

tip 마요네즈를 살짝 묻히면 잘 붙어요.

실고추로 더듬이를 만든다.

10

11

소스 재료를 모두 섞는다.

샐러드에 소스를 뿌려서 먹는다.

딸기 장미

딸기로 붉은색의 강렬한 장미를 만들어 여러 디저트에 곁들여 보세요. 어떤 상황에서도 아름다운 포인트가 되어줄 거예요. 한 송이 한 송이 꽃잎을 쌓아가듯 만드는 것이 포인트!

Ingredient

딸기_ 7~8개
슬라이스 빵_ 2개
크림치즈_ 2큰술

Tool

이쑤시개

How to make

초록 잎을 쫙 펼치고 딸기의 한가운데에 이쑤시개를 넣는다.

한 손으로 이쑤시개 윗부분을 잡고, 다른 한 손으로 딸기 밑동을 칼로 저며 5장의 장미잎을 만든다. 칼로 저밀 때는 밑동을 2cm 정도 남기고 저민다.

저민 5장의 장미잎 윗부분 사이사이로 한 번 더 딸기를 저며 5장의 장미잎을 더 만든다.

이쑤시개로 중심을 잡고 살
살 돌리며 칼로 계속 장미잎
을 만들어 올라간다.

딸기 장미를 여러 개 만든다.

빵에 크림치즈를 바른다.

접시 위에 딸기 장미와 크림치즈 바른 빵을 예
쁘게 플레이팅한다.

tip 꿀을 뿌려도 좋아요

09

꽃, 게

잠깐, 지금 다이어트하신다고요? 다이어트만 하면 힘드니까 몸보신도 하셔야죠. 칼로리는 낮고 영양 만점인 리얼 꽃게 한 마리 몰고 가세요. 가벼운 재료도 예쁘게 만들어 먹으면 기분이 좋아져요.

Ingredient

사과_ 1개
달걀_ 1개
아몬드_ 1줌
루꼴라_ 2줄기

Preparation

* 달걀을 완숙으로 삶는다.

How to make

1

달걀 하나를 노른자가 상하지 않게 반으로 가른다.

2

흰자를 여섯 조각으로 자른다.

3

노른자 주위에 흰자 이파리를 둘러 꽃을 만든다.

4

루꼴라로 줄기와 잎을 표현한다.

5

사과 앞부분을 자른다.

6

총 3조각으로 자른다.

사과씨를 꺼낸다.

2조각은 잘게 잘라 게의 다리
를 만들고, 나머지 조각의 윗
부분에 칼로 눈구멍을 낸다.

tip 집게 다리는 두껍게 잘라 칼집
으로 모양을 내요

눈구멍에 사과씨를 넣는다.

꽃 옆에 게의 다리를 모양내
어 올린다.

게의 뚜껑을 덮고 아몬드를
놓아 완성한다.

10

방울토마토 치즈 튤립

만들기 정말 쉽고 간단하지만, 모양만큼은 꽤 그럴듯한 튤립입니다. 스테이크 옆에 슬쩍 이 튤립을 놓아 보세요. 맛은 물론이고 예술적인 감각까지 뽐낼 수 있을 거예요. 들이는 공에 대비해서 효과가 좋은 아이템이랍니다.

Ingredient

바질잎_ 3~4장
방울토마토_ 3개
미니 모차렐라 치즈_ 3개
그린빈_ 3개

Preparation

*그린빈을 소금 넣은 물에 30~40초 정도 데친다.

How to make

방울토마토 윗부분에 칼로 십자 모양을 깊숙하게 낸다.

십자 모양을 벌려 미니 모차렐라 치즈를 넣는다.

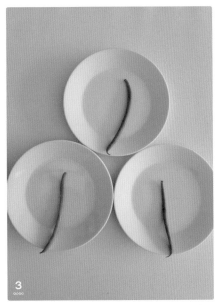

접시에 데친 그린빈을 하나씩 놓는다.

바질잎을 그린빈 옆에 놓아 튤립잎을 표현한다.

치즈 넣은 방울토마토를 위에 올려 튤립을 완
성한다.

SIBATABLE